BIM ET ENJEUX CLIMATIQUES

BIM et maquette numérique aux éditions Eyrolles

Sandra Marques, Régine Teulier (dir.), *Le BIM et l'évolution des pratiques. Ingénierie & architecture, enseignement & recherche*, 2020, 150 p.

Anne-Marie Bellenger & Amélie Blandin, *Le BIM sous l'angle du droit : pratiques contractuelles et responsabilités*, 2ᵉ éd. 2019, 208 p.

Til Breton, avec la contribution de Frédérique Bertrand, *Archicad Objectif BIM*. De l'esquisse à la réalisation, 2019, 480 p. (en livre numérique)

Brad Hardin & Dave McCool, *Le BIM appliqué au management du projet de construction. Méthode, flux de travaux et outils*, édition française de Luigi Failla, 2019, 380 p., coédition Eyrolles/Afnor éditions

Charles-Édouard Tolmer, Régine Teulier (dir.), *Le BIM entre recherche et industrialisation. Ingénierie & architecture, enseignement & recherche*, 2019, 156 p.

Vincent Bleyenheuft, avec la contribution de Julien Blachère et de Christophe Onraet, *Les familles de Revit pour le BIM*, 2ᵉ éd. 2018, 408 p. (en livre numérique)

Nader Boutros, Régine Teulier (dir.), *À la pointe du BIM. Ingénierie & architecture, enseignement & recherche*, 2018, 160 p.

Julie Guézo & Pierre Navarra, *Revit pour les architectes. Bonnes pratiques BIM*, 3ᵉ éd. 2022, 536 p.

Annalisa De Maestri, *Premiers pas en BIM : l'essentiel en 100 pages*, 2017, 104 p., coédition Eyrolles/Afnor

Christophe Lheureux, *BIM pour le maître d'ouvrage. Comment passer à l'action*, 2017, 96 p.

Sylvain Riss, Aurélie Talon & Régine Teulier (dir.), *Le BIM éclairé par la recherche*, 2017, 192 p., coédition Eyrolles/CESI (exclusivement disponible en livre numérique)

Olivier Celnik & Éric Lebègue (dir.), *BIM et maquette numérique pour l'architecture, le bâtiment et la construction*, préface de Bertrand Delcambre, 2ᵉ éd. 2016, 768 p., coédition Eyrolles/CSTB/MediaConstruct (en livre numérique)

Serge K. Levan, *Management et collaboration BIM*, 2016, 208 p.

Karen Kensek, *Manuel BIM. Théorie et applications*, préface de Bertrand Delcambre, 2015, 256 p.

Éric Lebègue & José Antonio Cuba Segura, *Conduire un projet de construction à l'aide du BIM*, 2015, 80 p., coédition Eyrolles/CSTB

Patrick Dupin, *Le LEAN appliqué à la construction. Comment optimiser la gestion de projet et réduire coûts et délais dans le bâtiment*, 2014, 160 p.

Olivier Lehmann, Sandro Varano & Jean-Paul Wetzel, *SketchUp pour les architectes*, 2014, 246 p.

**…et des dizaines d'autres livres de BTP, de génie civil,
de construction et d'architecture sur
www.editions-eyrolles.com**

Bruno Barroca
Coordinateur

BIM ET ENJEUX CLIMATIQUES

La prise en compte des enjeux climatiques dans le BIM et les outils numériques

Ingénierie & architecture, enseignement & recherche

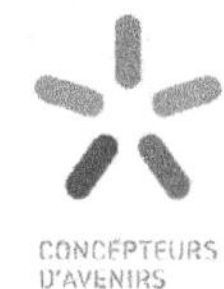

ÉDITIONS EYROLLES
61, bd Saint-Germain
75240 Paris Cedex 05
www.editions-eyrolles.com

Conception graphique et mise en pages : Hervé Soulard

Dépôt légal : décembre 2022
Imprimé en Allemagne par BoD

Sommaire

Table des matières

PARTIE 1 – Développer des recherches
sur les outils numériques

CHAPITRE 2. City Information Modelling pour des aménagements sobres et durables : potentiel du CIM pour calculer l'intensité urbaine

PARTIE 2 – Innover et opérationnaliser
pour faire face aux enjeux climatiques

PARTIE 3 – Accompagner l'évolution
du secteur de la construction

CHAPITRE 8. Transition d'une entreprise vers le BIM :
un cadre conceptuel
Sylvain Wietrzniak

Préambule

La crise climatique est un fait scientifique, pas une opinion parmi d'autres.

Le secteur de la construction pèse lourd dans le décompte des émissions de gaz à effet de serre, responsables de cette crise. Les parties prenantes sont donc responsables, mais sont également une partie de la solution. Elles ont les moyens d'infléchir la trajectoire carbone, en utilisant des matériaux décarbonés, des méthodes de construction plus industrielles, en favorisant l'économie circulaire, en optimisant la conception afin d'être plus sobres lors de l'exploitation des ouvrages et des bâtiments…

Des solutions techniques existent et des innovations doivent être élaborées et éprouvées, mais il est désormais évident que la transformation numérique du secteur de la construction est une composante indispensable pour piloter cette transition écologique et énergétique.

Le digital est le seul moyen d'évaluer le bilan carbone d'un ouvrage ou d'un bâtiment pendant tout son cycle de vie, depuis sa programmation jusqu'à sa déconstruction. Déjà aujourd'hui, des bases de données partagées, décrivant les facteurs d'émission du bilan carbone dans chaque pays et pour chaque scope, permettent de réaliser des estimations basées sur des extractions automatiques de nomenclatures d'objets issus de maquettes numériques ressourcées. Ces estimations peuvent ensuite être comparées au bilan carbone effectif, celui qui a été calculé à partir des bordereaux de livraison des matériaux et équipements, mais aussi des factures d'énergie consommée pendant la construction puis l'exploitation des ouvrages et bâtiments.

À présent, l'estimation du bilan carbone en phase de construction et en phase d'exploitation est devenue un paramètre de comparaison et de choix des offres, avec des pénalités annoncées en cas de dépassement des engagements pris.

Pour la conception des ouvrages et des bâtiments, l'utilisation de nombreux logiciels est nécessaire afin d'optimiser chaque système répondant aux fonctions et aux performances attendues. La combinaison de tous les résultats est complexe, et des logiciels MDO (multidisciplinary optimization) permettent de calculer l'ensemble des possibles et de faciliter les prises de décision, en fonction de critères définis. En effet, les données sortantes d'un logiciel deviennent les données entrantes d'un autre logiciel, ce qui conduit à des myriades de solutions par variation des paramètres de chaque étape d'analyse. Les résultats les plus probants sont alors sélectionnés et approfondis, de manière à faire le choix d'une solution optimale. Ces logiciels exigent des puissances de calcul très élevées, mais surtout une connaissance aiguë des différents métiers qui interviennent dans un projet de construction, afin que la variation des paramètres reste dans des plages de valeur éprouvées et réalisables.

Dès la conception, la mesure des impacts environnementaux de l'usage des ouvrages et des bâtiments pendant leur vie nécessite de disposer également de données socio-économiques permettant de comparer les projets sur ces critères à travers des simulations holistiques également complexes. C'est également au stade de la conception que les outils permettant d'objectiver les choix doivent permettre de faciliter l'acceptation des projets, ce qui représente un enjeu majeur aujourd'hui.

Pour construire des ouvrages et des bâtiments, la tendance est à l'anticipation des séquences de construction, c'est-à-dire à la planification détaillée de l'enchaînement des travaux en tenant compte de la coactivité dans des espaces contraints, de la saturation des moyens de manutention, mais aussi des accès pour acheminer les matériaux et les équipements. Cela exige également une connaissance précise des composants installés, du temps et des ressources nécessaires à leur mise en œuvre, des capacités des matériels utilisés, des surfaces des aires disponibles pour le montage des équipements, etc. La structuration des données mais aussi le niveau de besoin d'informations nécessaires sont des prérequis, ce qui exige une parfaite définition des exigences d'information pour chaque intervenant et pour chaque phase du projet. Ces informations sont issues de l'EIR (Exchange information requirement) décrit dans la norme ISO 19650, qui définit également l'environnement de la collaboration (CDE) et les statuts des données concernant leur gestation, leur partage et leur publication. On parle ici de sobriété numérique, puisqu'il s'agit de garantir l'unicité de la donnée (pas de redondance), l'interopérabilité des données pour éviter les transformations d'un format dans un autre, mais aussi d'intégrité de la donnée (fiabilité et responsabilité) dans le but de ne livrer que l'information nécessaire pour que chacun puisse exercer correctement ses missions.

Cela définit donc un « jumeau numérique de réalisation » pour l'optimisation des séquences de construction, des moyens de manutention, de logistique et de stockage, mais aussi des mouvements et de l'aide au pilotage des engins, sans oublier la sécurité des hommes par une meilleure organisation du chantier.

Enfin, pour la maintenance et l'exploitation des actifs bâtis, qu'ils soient ouvrages de génie civil ou bâtiments, l'utilisation de jumeaux numériques, c'est-à-dire une représentation numérique de l'actif physique et de son comportement, alimentés par des informations captées en temps réel, permet d'optimiser, voire de prédire, les opérations de maintenance (anticipation des désordres et facilité d'intervention sur des équipements) et de proposer des services aux usagers (en termes de sécurité ou de performance).

La place majeure prise par la donnée dans les métiers de la construction est un réel défi pour les organisations, mais aussi pour la formation des acteurs. Cette mutation digitale nécessite à la fois la maîtrise de la gestion des données, au plus près de la réalité de terrain, et la mise en œuvre de la collaboration entre acteurs (maîtrise d'ouvrage, maîtrise d'œuvre, ingénierie, exploitant, mainteneur…). Cette mutation ouvre aussi la voie à de réelles innovations s'appuyant sur la valorisation des masses de données, qui pourront être recueillies et mises à disposition par la communauté et les collectivités territoriales. Ceci afin d'améliorer les méthodes et les performances, en intégrant de nouveaux savoir-faire et de nouveaux acteurs d'une génération mobilisée pour l'avenir de la planète. Il reste également nécessaire d'évaluer le bilan carbone du data mining et de l'intelligence artificielle, très consommateurs de puissance de calcul et de ressources énergétiques, afin de démontrer que l'impact carbone du numérique reste négligeable par rapport aux gains engendrés par les simulations et optimisations proposées par les nouvelles technologies numériques.

Pour faire face à l'urgence climatique de notre planète, les enjeux techniques sont immenses et l'innovation est nécessaire, qu'elle soit pour mieux concevoir, mieux construire, mieux exploiter, mais aussi mieux déconstruire à la fin de vie de l'ouvrage. Mais attention, ces innovations ne doivent pas impacter le coût des ouvrages, car le compromis coût/impact carbone sera vite balayé par des considérations financières.

Cependant, l'enjeu le plus prégnant reste l'enjeu sociétal, afin de trouver les bons arguments pour rendre soutenable cette transition écologique, pour convaincre chaque citoyen qu'il est acteur de ce défi et aura des efforts significatifs à fournir pour le bien-être de la société dans laquelle il vit et pour assurer l'avenir de l'humanité.

Pour aborder tous ces sujets prépondérants, le secteur de la construction a besoin d'accompagnement et de support de la part des donneurs d'ordre publics et privés, des dirigeants d'entreprises, des chercheurs et des enseignants, pour faire face à ces enjeux techniques, numériques et sociétaux.

François ROBIDA (président du projet national MINnD)
Pierre BENNING (codirecteur de MINnD)

CHAPITRE 1

Auteur invité

Reverse Engineering for Digital Twining of Climate Smart Cities

Abanda F.H.[1]

[1] Oxford Institute for Sustainable Development
School of the Built Environment
Oxford Brookes University
Oxford, OX3 0BP, UK

Résumé

Les jumeaux numériques (Digital Twins) attirent de plus en plus l'attention des chercheurs et des praticiens pour leur potentiel d'amélioration de la prise de décision pour la planification des villes intelligentes. Le succès de la mise en œuvre des jumeaux numériques dépend en grande partie de la capacité à surmonter les défis liés à l'extraction de connaissances à partir de données cloisonnées et souvent hétérogènes sur diverses applications de villes intelligentes. Alors que la technologie a été au cœur des Digital Twins pour les villes intelligentes, elle s'est souvent concentrée sur les technologies de construction numériques sans tenir compte des technologies couramment utilisées dans la plupart des villes. Les produits Microsoft sont parmi les plus largement utilisés dans la pratique, mais ne sont guère considérés comme faisant partie des outils pouvant être utilisés pour déployer ou améliorer les jumeaux numériques pour la planification des villes intelligentes. Cette étude propose une approche d'ingénierie inverse pour l'intégration des technologies de construction numérique, en particulier la modélisation des informations du bâtiment (BIM) et les outils Microsoft, pour démystifier la gestion des données hétérogènes toujours plus complexes des villes intelligentes. Cet article présente une preuve de concept pour illustrer cette méthodologie d'intégration de données pour l'évaluation de la performance environnementale des bâtiments. Le document détaille le flux de travail, les différentes possibilités d'intégration des données et la présentation pour la visualisation. Le document se positionne comme une feuille de route pour les études futures.

Mots-clés

Construction, jumeaux numériques, gestion de l'information, évaluation de la performance, villes intelligentes

Abstract

Digital Twins has been increasingly gaining attention from academics and practitioners for its potential in enhancing decision-making for the planning of smart cities. Success in implementing Digital Twins depends greatly on overcoming the challenges with knowledge extraction out of siloed and often heterogenous data about various smart cities applications. While technology has been the core of Digital Twins for smart cities, its focus has often been digital construction technologies with hardly any consideration on technologies commonly used in most cities. Microsoft products are amongst the most widely used in practice but hardly considered as part of tools that can be used in deploying or enhancing Digital Twins for the planning of smart cities. This study proposes a reverse engineering approach for integrating digital construction technologies, specifically Building Information Modelling and Microsoft tools in demystifying the management of the ever-growing complex heterogenous smart cities' data. This article presents a proof-of-concept to illustrate this methodology for integrating data for evaluating the environmental performance of buildings. The paper details the workflow, various possibilities of data integration and presentation for visualisation. The paper positions itself as a roadmap for future studies.

Keywords

Construction, Digital Twins, Information Management, Performance Assessment, Smart Cities

1.   Background

The world is experiencing unprecedented impacts of climate change on cities with negative consequences on the loss of lives, collapse of buildings and infrastructure, etc. This is corroborated by the findings of the UN-Habitat in its World Cities Report 2022, which states that "the worst-case scenario of urban futures is that of high damage". Such a scenario will have devastating impacts on a scale similar to the ongoing COVID-19 pandemic as well as global economic uncertainties, environmental challenges, and wars and conflicts in different parts of the world which could potentially have long-term impacts on the future of cities. The impacts of climate change on future cities are and will not be uniform across regions (Pettang *et al.*, 2022; UN-Habitat, 2022) and can lead to a range of scenarios (UN-Habitat, 2022). In the global North, the key priorities for the future of cities include managing cultural diversity, upgrading and modernizing ageing infrastructure, addressing shrinking and declining cities, and meeting the needs of an increasingly ageing population. On the other hand, in the global South, urban priorities for the future are rising levels of poverty, providing adequate infrastructure, affordable and adequate housing and addressing challenges due to the growth of slums, high levels of youth unemployment, etc. Addressing these challenges requires a paradigm shift from silo-based approaches toward integrated plans and policies that consider interactions between multiple factors in a city region (UN-Habitat, 2022). Adopting an integrated approach that builds on multiple factors can lead to a range of future scenarios that will need to be analysed for possible deployment by decision-makers including city leaders. Furthermore, the approach fits into the Climate Smart Cities initiatives for developing measures to respond to climate change and make global cities more resilient proposed by the United Nations (UN, 2022). Emerging digital technologies can play a significant role in developing an understanding and ensuring greater participation of stakeholders involved in the planning and making cities smarter. However, in recent years emphases have been on the use digital construction technologies such as 3D-Laser scanners, 3D printers, drones, robots, Building Information Modelling (BIM), Digital Twins which are discipline-focused with less interest on common societal technologies. These discipline-specific technologies, e.g., Digital Twins require technical knowledge in capturing, exploring and presenting complex and evolving data for the planning of smart cities – a big challenge to most city decision-makers. On the other hand, many societal technologies including Microsoft tools are commonly used by city dwellers with little or no technical background. This suite of technologies is easy to use, foster collaboration and participation of city actors including dwellers and offers opportunities for efficient presentation and visualisation of data for informed decision-making. Yet, other than a few Microsoft tools for project planning, an understanding of their adoption in the construction industry is still very sketchy. Furthermore, scholarly work into how the silos between construction actors and decision-makers including city planners can be bridged through the integration of Microsoft and BIM tools for optimisation of information exchange and visualisation is still very limited.

This study aims to explore how emerging BIM and Microsoft tools can be integrated to aid city actors in fostering participation and better decision-making in the planning of smart cities. Given the exploratory nature of this study, reverse engineering is an appropriate method to be used (Becker *et al.*, 2020). The method will be applied on a use case based on the integration of embodied energy, embodied carbon, operational energy, operational carbon and waste from buildings in cities. Reducing embodied energy and carbon, operational energy and carbon contributes to achieving net-zero energy buildings (Cusenza *et al.*, 2022). Effective waste management will reduce pressure on the planet's natural resources while potentially reducing emission of greenhouse gases that significantly impacts on climate change (Gómez-Sanabria *et al.*, 2022). Integrating these factors provides a better and holistic understanding of their impacts on the environment and can inform the transition towards a low carbon economy.

2.   Smart City Development in the era of Digital Twins

2.1.   Smart City, Digital Twins, Information Integration and Interoperability

For purposes of this study the main concepts to be examined here are smart cities and Digital Twins. In the literature, the concept of smart city has been defined differently with a general lack of a consensus as to what it really means (Dameri *et al.*, 2017). However, the definition in the BS ISO 37122:2019 appears more encompassing and reads:

> "city that increases the pace at which it provides social, economic and environmental sustainability outcomes and responds to challenges such as climate change, rapid population growth, and political and economic instability by fundamentally improving how it engages society, applies collaborative leadership methods, works across disciplines and city systems, and uses data information and modern technologies (ICTs) to deliver better services and quality of life to those in the city, now and for the foreseeable future, without unfair disadvantage of others or degradation of the natural environment."

Despite the variety and often confusing use of the term, what is common in all the definitions is the use of ICTs in delivering services in cities. One of such ICTs is Digital Twins. Like smart city, so many definitions about Digital Twins already exist in the literature despite its nascent nature. Amongst the definitions, those of Bolton *et al.* (2018) and *Tao et al.* (2019) clearly stand out and reflect the current industry as well as academic thinking. The merged definition of Digital Twins from the authors is a dynamic virtual representation of a physical object or system across its lifecycle (Bolton *et al.*, 2018) or a real mapping of all components in the product lifecycle (Tao *et al.*, 2019), using real-time data to enable understanding, learning and reasoning to inform efficient decision-making about the performance of the physical asset.

The definition underlines the connection between the physical and virtual model, the real-time data flow from the physical environment or model to the virtual reasoning module that can be used in decision-making about the asset. The decision-making should be about various applications for the planning and development of smart cities and greatly depends on ICTs for its efficiency. Given the multiplicity of the ICTs there is a need for communication, thus the concepts of information integration and interoperability.

Efficient processing of information depends largely on how the computer programmes interface (i.e., integration) and/or how easy such information can easily be exchanged between two or more computer systems (i.e., interoperability). To enhance understanding, the terms "component" and "system", relevant to these two concepts will have to be explained. According to IEEE 610 components are one of the parts that make up a system, while a system is a collection of components organised to accomplish a specific function or a set of functions.

The term integration refers to the process of combining components into an overall system (after IEEE 610). From an information management perspective, it refers to the process of combining information or data from same or different sources. Five different BIM integration examples have been examined in Wastiels and Decuypere (2019). The first is about how different building components (with their quantities) are manually linked to predefined lifecycle assessment (LCA) profiles available in the LCA software database or creates new LCA profiles where needed. The second method is about how BIM data is imported (in industry foundation classes (IFC) format) and linked to predefined LCA profiles available in the LCA software databases. Thirdly, the BIM Viewer is used in linking LCA profiles. Fourthly, the LCA plugin is used to link LCA profiles to BIM objects within the native BIM environment. Lastly, LCA information is included in the BIM objects that are used in the BIM model.

According to IEEE 610, interoperability is the ability of two or more systems (or components) to exchange and subsequently use their information. Consequently, interoperability is concerned with the ability of systems to communicate – and it requires that the communicated information can be understood by the receiving system – but it is not concerned with whether the communicating systems do anything sensible as a whole. The interoperability between two systems could be fine, but whether the two systems as a whole actually performed any useful function would be irrelevant as far as the interoperability is concerned.

The importance of system integration and interoperability cannot be underestimated especially in the context of smart cities where so many technologies are being used in processing data from heterogenous sources.

2.2.   BIM-Microsoft Technology software for Smart Cities

The world of digital technologies is experiencing a surge in innovative technologies with many being from leading vendors such as Microsoft. Despite the popularity of Microsoft systems and their uses in many sectors, their applications in the built environment are hard to find. The ensuing sections will focus on the integration of BIM and Microsoft systems for different construction applications.

The two main Microsoft products to be considered are Microsoft Power BI and Microsoft Power App. Power BI is an interactive data visualization software that primary focuses on business intelligence. Microsoft Power App is an application for the easy development of mobile and web apps for any business need by those with or without any technical or development experience.

Also, there are some innovative technologies in some emerging areas that can also significantly improve information management in construction practice. For example, Autodesk Tandem and Azure Digital Twins for Digital Twin, TX Laser Scanner for laser scanning and Polycam for mobile laser scanning.

Autodesk Tandem is a cloud-based Digital Twin technology platform. It enables projects to start digital and stay digital, transforming rich data into business intelligence. By harnessing BIM data throughout the process, AEC firms can create and handover a Digital Twin to building owners and operators. The easily accessible, contextual, and insightful data they receive makes for ready-to-go operations.

2.3.   Reverse Engineering in Digital Construction technologies

In the Software and Mechanical Engineering fields, "reverse engineering" is defined as any activity that can be used to determine how a product works, or to learn the ideas and technology that were originally used to develop the product. It is a systematic approach for analyzing the design of existing devices or systems. In contrast to forward engineering, which is the traditional process of moving from high-level abstractions and logical designs to the physical implementation of a system, reverse engineering starts from physical entities and ends with digital model (Raja, 2008). This may be due to the fact that technical details, such as drawings, bills-of-material, or engineering data, are not available. In the context of BIM for building environmental assessment, the engineering data could be available but not in a suitable format for the assessment, in which case a digital model is required. In order words forward engineering is often called digital-to-physical while reverse engineering is referred to as the physical-to-digital process. The latter, physical-to-digital is highly relevant to the field of Digital Twins since most are developed from existing physical assets, thus making reverse engineering a very suitable method for development of Digital Twins. While reverse engineering research is quite established in software engineering (Cipresso and Stamp, 2010) and mechanical engineering (Bruneau *et al.*, 2014; Dekhtiar *et al.*, 2016), the same cannot be said of the construction sector. However, a search on Google Scholar using relevant search terms have yielded the following studies (Park *et al.*, 2016; Chae and Lee., 2017; Ding *et al.*, 2019; Lee *et al.*, 2019; Ham *et al.*, 2020). Park *et al.* (2016) developed a BIM-based reverse engineering technology using a laser scanner for building safety inspection. Chae and Lee (2017) established concrete for defining for level of detail (LOD) that was fed into the reverse engineering method for investigating the applicability of budgets in construction projects. Ding *et al.* (2019) proposed a digital construction framework that integrates BIM and reverse engineering for improving information utilization in different phases thereby reducing errors and reworks in urban renovation projects. Lee *et al.* (2019) used reverse engineering, including digital photography, real time kinematic network-virtual reference stations (RTK-VRS) surveying, and post-processing data to obtain spatial information used for building occupancy inspection authorization in a BIM platform. Ham *et al.* (2020) proposed a phased reverse engineering framework to construct cultural heritage archives using laser scanning and a building information model.

What emerges from the preceding paragraph, also common with existing literature is the lack of studies on how Microsoft products have been used in construction despite their abundance in the market and widely used by city dwellers. Furthermore, all of the aforementioned studies focused on digital construction technologies with no consideration of integration with other common societal software systems.

3.   Research methods

3.1.   Use case – Developing a holistic understanding of climate smart city challenges

One of the first things in digital twining of cities is to develop an understanding of the problem to be solved (Mendes, 2022). For example, is the goal of the Digital Twin to monitor the performance of urban buildings *vis-à-vis* energy efficiency? In the case of this study, the main issue is related to the understanding of heterogenous data from different sources inherent in specialised software which makes it difficult for city planners and other professionals to exploit data for the planning and development of climate resilient cities. Developing Digital Twins for climate smart resilient cities require various data (including KPIs), geolocation, carbon reduction, bio-sourced materials, waste reduction, building energy efficiency, urban environmental and energy efficiency data. These can often come from different sources including, MS Excel, databases, BIM software system, ArchGIS, etc. and analysing them individually limits insights about their applicability in practice.

The key of this use case is about the integration of embodied energy, embodied carbon, operational energy, operational carbon and construction waste data from heterogenous sources that can serve as the basis for developing Digital Twins for climate smart cities. The data can be from so many sources. Climate change has accelerated the need to find measures to reduce and manage the waste we create. Reduction and reuse of waste will help reduce pressure on the planet's natural resources while potentially reducing emission of greenhouse gases created through mass production and burning of fossil fuels.

3.2.   Description of the methods

In recent years, the global market is experiencing a surge in the number of digital technologies. Due to the emerging nature of these technologies, reverse engineering driven by the use of proof of concept will be used. According to Kendig (2016) "proof of concept" describes research in the beginning stages, at the cutting edge of new applications or technologies, and is a buzzword used to mark out scientific research as potentially extendable and/or scalable. It is often defined within a particular context or field of study (e.g., synthetic biology, pharmacology, biochemistry, business, etc.). In the context of this study and given the emerging nature of the technologies involved, "proof of concept" through reverse engineering where a systematic process to understand how BIM and Microsoft products can be integrated for optimising information exchange are appropriate. Reverse engineering is very appropriate given the backbone of Digital Twins are physical-to-digital and digital-to-physical processes. The main reverse engineering is captured in Figure 1.

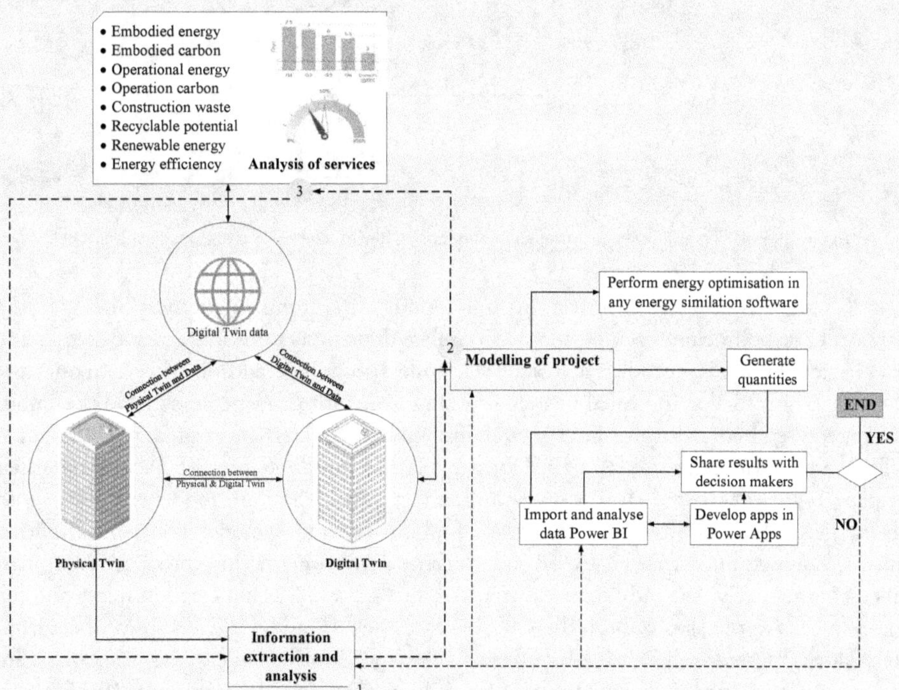

Figure 1. Reverse engineering framework

The focus of this study is on step 2 of Figure 1, i.e. modelling of a project or projects. The process for the modelling of the project is presented in Figure 2.

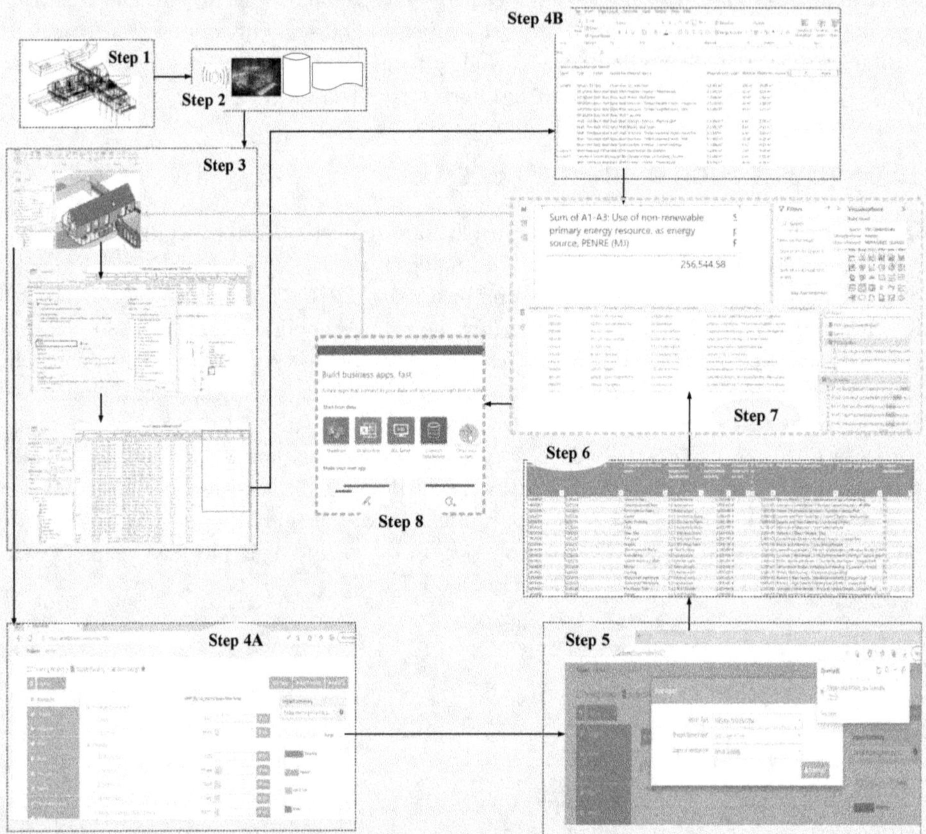

Figure 2. Modelling and managing project information in Revit-Power BI-Power Apps environments

In step 1, data is collected from various sources including from the physical building. The data could be point cloud, sensor, some incomplete drawings, etc. as indicated in step 2. The data in step 2 is used in producing a 3D BIM model in any BIM authoring tool. In our case, Revit 2022 was used as indicated in step 3. In step 3, quantities are generated and the embodied energy, embodied carbon and construction waste parameters are created. Quantity take-off is conducted and exported to a CSV format and then imported into MS Excel as indicated in step 4B. In order to evaluate the operational energy and carbon, the model is exported into an energy simulation software. In this case, eTool is used and the model in step 3 is exported into it as shown in 4A. From 4A, all the different environmental indicators are computed albeit automatically. The indicators are exported into MS Excel as indicated in step 5 and the Excel spreadsheet in step 6. Both the CSV file from step 4B and the Excel spreadsheet from step 6 are imported into Power BI. In Power BI (step 7), various interactive dashboards are created to assess embodied energy, embodied carbon, operational energy, operational carbon and construction waste. The dashboards are easy to read by different stakeholders with very minimal or no background in Revit or eTool. Their feedback is taken into account and fed back into the development of the developed model in step 3. Also, the data in Power BI in step 7 can be used to develop apps in Power App that can allow stakeholders to view the results from Power BI in Power Apps (step 8). The Power Apps interface is very user-friendly and stakeholders can edit data into it without requiring any exceptional or technical skills. Feedback from the Power Apps can also inform the redesign of the model in step 3 to optimise its performance *vis-à-vis* the set parameters: embodied energy, embodied carbon, operational energy, operational carbon and construction waste.

4. Findings and discussions of results

The focus in this paper has been on integrating embodied energy, embodied carbon, operational energy, operational carbon and waste from buildings. Although their assessments were illustrative, the same can be done with other environmental factors. It is possible to create interactive dashboards to assess environmental risks, analyse spatial and temporal trends in your datasets, and design infographic style environmental scorecards to visually communicate findings to stakeholders and decision-makers using the process and technologies discussed in this paper.

The BIM model used was the standard model that comes with the installation of Revit for illustrative purposes. However, as indicated in Figure 2, the data for modelling could be obtained from different sources as indicated in Stage 1-a crucial step of reverse engineering. The model was then converted into a CSV and/or MS Excel file format before being read into Power BI. By bringing the different datasets from the different sources into Power BI, interesting computations, analysis and visualisation can be conducted and displayed. The strength comes in connecting Power BI and Power Apps that allows the collection of data in a consistent.

Many other data sources can be considered especially in the era of Open Data where my governments and organisations are publishing data about services and infrastructure for public accountability. The Power BI and Power Apps tools can be used to analyse most urban city data obtained from many different sources. Some of these sources include the UN SDG indicator database, World Bank, WHO database, African Development Bank Open-Source database, UK Open-Source Database. However, it is important that while these databases can be used for various smart cities analyses in Power BI, there are limited in the sense that they lack the geometric data models of assets. In order to effectively use them, depending on the applications existing plugins (Tracer, Ideate BIMLink, visual VCAD. 3DBI), or new ones will have to be developed.

While the tools have proven to be great in analysing environmental data, its strength is not only about analysis for different applications. The Power Apps adds an additional dimension, that of engaging and educating communities – a very important aspect of the development of smart cities.

5. Conclusions

This study is grounded on the fact that the need to mitigate and/or eliminate the causes and impacts of climate change has become so urgent. Digital transformation of the construction industry has been one of the strategies to decarbonise communities thereby reducing the amount of greenhouse gases being release to the atmosphere. Embodied and operation carbon are amongst the greenhouse gases together with embodied and operational energy are the indicators considered in this article. Furthermore, by modelling and managing waste digitally, it can lead to resource optimisation and reduction or elimination of greenhouse gases into the atmosphere which contributes to climate change. It is therefore no surprise that digital transformation has been at the heart of many government agendas including the United Nations organs including the New Urban Agenda.

This study revealed the potential of combining digital construction and Microsoft technologies to evaluate embodied energy, carbon, operational energy and carbon and waste from building projects in an integrated fashion where the results can be simultaneously viewed on dashboards for informed decision-making. Furthermore, the Power Apps-one of the technologies can be used in engaging and educating communities through real-time data collection and exchange. The strength and success of integrating data from various sources depended on the interoperability capabilities of the different software. Although the data were generated from the BIM model and converted into CSV and MS Excel spreadsheet, they could have been obtained from different sources and in different formats. It was revealed that most urban data in open-source formats (part of the Open Data movement) could be used for analysing environmental impacts. One of the limitations of open data was the lack of geometrical components of projects, a limitation that will hinder the development of Digital Twins. As part of future research, it is recommended that plugins should be developed to use in integrating geometric and non-geometric data from BIM with Microsoft software systems.

References

Becker S., Wiesen C., Albartus N., Rummel N. & Paar C. (2020) An Exploratory study of hardware reverse engineering – Technical and cognitive processes. USENIX Symposium on Usable Privacy and Security, August 9–11, 2020, Virtual Conference

Bolton R. N., McColl-Kennedy J. R., Cheung L., Gallan A., Orsingher C., Witell L. & Zaki M. (2018) Customer experience challenges: bringing together digital, physical and social realms. *Journal of Service Management*, 29(5), pp.776-808

Bruneau M., Durupt A., Roucoules L., Pernot J.-P. & Harvey Rowson H. (2014) Methodology of reverse engineering for large assemblies products from heterogeneous data. In: TMCE 2014, Hongrie, 2014-05-19 – TMCE conference – 2014

BS ISO 37122:2019 (2019) *Sustainable cities and communities-indicators for smart cities*. British Standard

Cipresso T. & Stamp M. (2010). Software reverse engineering. In: Stavroulakis P., Stamp M. (eds) Handbook of Information and Communication Security. Springer, Berlin, Heidelberg. https://doi.org/10.1007/978-3-642-04117-4_31

Chae J.-H., & Lee J.-Y. (2017) Definition of 3D modeling level of detail in BIM regeneration through reverse engineering – Case Study on 3D modeling using terrestrial LiDAR. *Journal of KIBIM*, Vol. 7 (4), pp. 8–20

Cocchia A. (2014) Smart and Digital City: A systematic literature review. In: Dameri R., Rosenthal-Sabroux C. (eds) Smart City. Progress in IS. Springer, Cham

Cusenza M.A., Guarino F., Longo S. & Cellura M. (2022) An integrated energy simulation and lifecycle assessment to measure the operational and embodied energy of a Mediterranean net zero energy building. *Energy and Buildings*, Vol. 254 (111558)

Dameri R.P. (2017) Smart City Definition, Goals and Performance. In: Smart City Implementation. Progress in IS. Springer, Cham. https://doi.org/10.1007/978-3-319-45766-6_1

Dekhtiar J., Durupt A., Bricogne M., Kiritsis D., Rowson H. & Eynard B. (2016) Toward an Extensive Data Integration to Address Reverse Engineering Issues. In: Harik, R., Rivest, L., Bernard, A., Eynard, B., Bouras, A. (eds) Product Lifecycle Management for Digital Transformation of Industries. PLM 2016. *IFIP Advances in Information and Communication Technology*, Vol 492

Ding Z., Liu S., Liao L. & Zhang L. (2019) A digital construction framework integrating building information modeling and reverse engineering technologies for renovation projects. *Automation in Construction*, Vol. 102, pp. 45-58

Gómez-Sanabria A., Kiesewetter G., Klimont Z., Schoepp W. & Haberl H. (2022) Potential for future reductions of global GHG and air pollutants from circular waste management systems. *Nature Communications,* Vol. 13 (06)

Ham N., Bae B.-I. & Yuh O-K. (2020) Phased Reverse Engineering Framework for Sustainable Cultural Heritage Archives Using Laser Scanning and BIM: The Case of the Hwanggungwoo (Seoul, Korea). *Sustainability*. Vol. 12(19):8108

Hristov D. (2021) Smart City Challenges. https://www.skills4cities.eu/blog--news/smart-city-challenges

Kendig C.E. (2016) What is proof of concept research and how does it generate epistemic and ethical categories for future scientific practice? *Science and Engineering Ethics*, 22(3), pp. 735-753

Lee S.H., Woo S.H., Ryu J.R. & Choo S.Y. (2019) Automated building occupancy authorization using BIM and UAV-based spatial information: photogrammetric reverse engineering. *Journal of Asian Architecture and Building Engineering*, Vol. 18 (2), pp.151-158

Mendes J. (2022) Enable Smart Facility Management with Azure Digital Twins. https://adatis.co.uk/enable-smart-facility-management-azure-digital-twins/

Park H.-J., Ryu J.R., Woo S.-H., & Choo S.Y. (2016) An Improvement of the Building Safety Inspection Survey Method using Laser Scanner and BIM-based Reverse Engineering. *Journal of the Architectural Institute of Korea Planning & Design*, Vol. 32 (12), pp. 79–90

Pettang C., Manjia M.B. & Abanda F.H. (2022) Special Issue "BIM in the Rehabilitation of Buildings". https://www.mdpi.com/journal/buildings/special_issues/A3X05A0U7R

Raja V. (editor) (2008) *Reverse Engineering: An Industrial Perspective.* Springer London Ltd

Tao F., Zhang H., Liu A. & Nee A. Y. C. (2019) Digital Twin in Industry: State-of-the-Art. *IEEE Transactions on Industrial Informatics*, Vol.15(4), pp.2405-2415

UN (2022) Climate smart cities in emerging economies. https://unfccc.int/climate-action/momentum-for-change/activity-database/momentum-for-change-climate-smart-cities-in-emerging-economies

UN-Habitat (2022) Envisaging the future of cities. World Cities Report 2022. https://unhabitat.org/wcr/

Wastiels L. & Decuypere R. (2019) Identification and comparison of LCA-BIM integration strategies. In Proceedings of the IOP Conference Series Earth and Environmental Science, Graz, Austria, 11–14 September 2019; Vol. 323

PARTIE 1

Développer des recherches sur les outils numériques

City Information Modelling pour des aménagements sobres et durables : potentiel du CIM pour calculer l'intensité urbaine

Deprêtre Adeline[1,2], Jacquinod Florence[3], Barroca Bruno[1], Becue Vincent[2]

[1] Université Gustave Eiffel, Lab'urba, 77454 Marne la Vallée Cedex 2, France,
{adeline.depretre, bruno.barroca}@univ-eiffel.fr

[2] UMONS, Faculté d'architecture et d'urbanisme, 7000 Mons, Belgique,
{Adeline.DEPRETRE, Vincent.BECUE}@umons.ac.be

[3] LASTIG, Univ Gustave Eiffel, EIVP, F-75019 Paris, France,
jacquinod@gmail.com

Résumé

Les analyses urbaines font partie des méthodes déployées afin de tendre vers un urbanisme durable, diminuant l'impact de la construction et de la planification sur les ressources. Dans cet article, nous proposons d'explorer le potentiel des City Information Models (CIM) pour étudier l'intensité urbaine à l'échelle d'un quartier, prenant en considération plusieurs paramètres contribuant à ses impacts environnementaux. Nous utilisons pour cela les premières versions du CIM du quartier La Vallée, actuellement en cours de construction. Nous exposons notre méthode expérimentale compatible avec le format ouvert IFC afin de pouvoir reproduire la démarche sur d'autres quartiers. Nous présentons ensuite une partie de nos résultats sur l'exploitation du CIM pour l'évaluation de l'intensité urbaine en phase conception. Enfin, nous proposons diverses préconisations afin de faciliter la constitution de CIM aisément mobilisables pour les analyses urbaines, mais également pour d'autres types d'analyses pouvant contribuer à la conception ou au réaménagement de quartiers en limitant leurs impacts environnementaux.

Mots-clés

CIM, analyses urbaines, intensité urbaine, quartier, préconisations

Abstract

Urban analyses are part of the methods deployed to move towards sustainable urbanism, reducing the construction and planning impact on resources. In this paper, we propose to explore the potential of City Information Models (CIM) to study urban intensity at the district scale, considering several parameters contributing to its environmental impacts. We use the first versions of the CIM of the La Vallée district, currently under construction. We present our experimental method compatible with the open IFC format to be able to reproduce the approach on other districts. We then present some of our results on the use of the CIM for the evaluation of urban intensity in the design phase. Finally, we propose various recommendations to facilitate the constitution of CIM that can be easily mobilized for urban analyses, but also for other types of analyses that can contribute to the design or redevelopment of districts by limiting their environmental impacts.

Keywords

CIM, Urban Analysis, Urban Intensity, Neighborhood, Recommendations

1.   Introduction

À l'heure où les domaines de la conception, de la construction et de la planification doivent faire face à l'augmentation démographique et à des enjeux environnementaux de plus en plus cruciaux (Vezzoni, 2020), les aménageurs et urbanistes sont en quête d'outils et de méthodes pour les aider à produire des espaces durables et soutenables. À l'image du BIM pour la conception et le cycle de vie à l'échelle du bâtiment, le City Information Modeling (CIM) est de plus en plus considéré comme un outil clé à l'échelle urbaine.

La complexité des systèmes urbains est bien connue des architectes, urbanistes, planificateurs et chercheurs (Moine, 2004). Les analyses urbaines traditionnellement réalisées par les praticiens afin d'atteindre les objectifs fixés pour un projet urbain donné en sont d'autant plus nécessaires (Ayeni, 2017). En effet, ces analyses permettent de comprendre les dynamiques inhérentes aux lieux. Cette étape de diagnostic est indispensable dans la phase de conception d'un projet, quelle que soit son échelle. En raison de la réalité multiforme de l'urbanisation, les analyses urbaines basées sur des indicateurs statiques et monocritères sont insuffisantes et les chercheurs se tournent depuis plusieurs années vers des notions dynamiques telles que l'intensité urbaine (Da Cunha & Kaiser, 2009 ; Guan & Rowe, 2016 ; Sevtsuk *et al.*, 2013 ; Stonor, 2019). Dès 1999, Pannerai *et al.* suggéraient que les méthodes et outils d'analyse urbaine soient adaptés à des notions dynamiques, telles que l'intensité urbaine. Les systèmes d'information géographique (SIG) sont utilisés depuis un certain temps par les architectes et urbanistes pour diverses analyses urbaines (Goodchild, 2010 ; Longley *et al.*, 2005). Avec l'augmentation rapide de la production de BIM, la constitution de CIM peut être vue comme une opportunité pour les praticiens de l'urbanisme, s'ils parviennent à identifier précisément ce qu'ils peuvent apporter à la conception et à la gestion urbaine et comment les produire et les utiliser efficacement. Dans le secteur de la construction, la notion de CIM est souvent employée pour désigner le BIM à l'échelle du bâtiment, comprenant le projet et ses abords, dont les espaces publics. Néanmoins, l'utilisation de logiciels et de formats BIM pour modéliser les espaces urbains à une échelle plus macroscopique, comme celle du quartier ou de la ville, soulève de nombreuses questions, notamment concernant les exigences de modélisation des entités spécifiques à l'échelle urbaine. En effet, le standard ouvert BIM Industry Foundation Classes (IFC) n'a pas été initialement conçu dans ce but.

Dans cet article, nous proposons une exploration et une analyse du potentiel d'un CIM en cours de constitution sur un quartier en construction pour la réalisation d'analyses urbaines spécifiques en phase de conception. Dans un premier temps, une revue de littérature permet de positionner synthétiquement notre recherche dans les domaines considérés, à savoir le CIM pour la conception et l'évaluation de l'intensité urbaine, support de planification durable et raisonnée. Ensuite, nous exposons la méthode mise en œuvre pour déterminer le potentiel des données contenues dans le CIM pour l'analyse de l'intensité urbaine. La 4ᵉ section présente notre indice d'intensité urbaine ciblé sur les usages, ainsi qu'une partie des paramètres nécessaires pour le calculer. Nous discutons dans la 5ᵉ section des résultats obtenus et des préconisations proposées. Nous concluons en ciblant les apports ainsi que les perspectives de notre recherche.

2.   Le City Information Model

Le BIM est de plus en plus utilisé tant dans les pratiques opérationnelles que dans le domaine de la recherche scientifique. Le CIM se développe également, bien que sa définition et sa mise en œuvre posent encore aujourd'hui de nombreuses questions. L'intensité urbaine est un concept également discuté depuis plusieurs années, bien que sa définition reste large et que les chercheurs ne partagent pas réellement de définition unanime à son égard. Dans cette section, nous souhaitons exposer comment nous proposons de mettre ces deux notions en perspective.

2.1.   Un concept flou

La notion de CIM est considérée comme offrant un fort potentiel pour les architectes et les urbanistes (Dall'O' *et al.*, 2020). Cependant, elle reste assez floue. Un premier constat est que le CIM s'assimile davantage à une cible à atteindre qu'un sujet strictement délimité. Du point de vue conceptuel, le CIM est souvent défini comme un système d'aide à la conception, à l'analyse de la mise en œuvre de la durabilité par l'emploi de la simulation et de la visualisation d'un ou plusieurs scénarios (Gil, 2020). Gil (2020) met en évidence que d'autres dénominations (jumeaux numériques, modèle d'information urbaine, systèmes d'aide à la décision spatiale, système d'aide à la planification) sont également utilisées pour désigner des modèles et/ou des processus similaires. En pratique, la notion de CIM est utilisée pour désigner des modèles techniquement très hétérogènes (Deprêtre *et al.*, 2022). Il est donc nécessaire de préciser et de comprendre quelles réalités techniques sont englobées par la notion de CIM.

D'un point de vue technique, l'intégration et l'utilisation du BIM et du SIG dans un cadre commun sont un défi intrinsèque à la notion de CIM. La conversion entre les formats BIM et SIG (à savoir IFC et CityGML) est un aspect particulièrement étudié aujourd'hui. Les méthodes d'intégration BIM-SIG peuvent être développées au niveau des données, des applications ou des processus, ou par le biais d'un modèle unifié englobant – ou définissant les relations entre – les deux normes (Arroyo Ohori *et al.*, 2018). Malgré ces nombreuses études et expérimentations, il n'est pas encore possible actuellement de réaliser une traduction entre les formats BIM et SIG sans perdre une certaine quantité de données, notamment à cause des différences entre les formats concernés, de la variabilité des modes possibles de création et de gestion des informations dans ces standards et des pratiques professionnelles dans le domaine de l'architecture, de l'ingénierie et de la construction (Noardo *et al.*, 2020a ; Salheb *et al.*, 2020 ; Stouffs *et al.*, 2018 ; Tauscher, 2020). L'association des données BIM et SIG et leur utilisation combinée reste un grand défi dans les pratiques professionnelles actuelles et des méthodes spécifiques doivent encore être développées pour la plupart des cas d'utilisation. Le GeoBIM, qui est défini par certains chercheurs, comme l'intégration de modèles de 3D au format SIG avec des données BIM (Noardo *et al.*, 2020a), a été expérimenté sur plusieurs cas d'usages comme le traitement des permis de construire (Noardo *et al.*, 2020b) ou encore la gestion des actifs (Garramone *et al.*, 2020). Pour ce faire, divers processus d'extraction ou de conversion de données sont utilisés et celles-ci sont par la suite employées dans des environnements de données SIG, BIM ou autre outil métier, selon les applications.

Concrètement, il existe de plus en plus de productions à l'échelle d'un espace public, d'un quartier ou d'une ville s'appuyant principalement sur des données et format BIM (Chen *et al.*, 2018 ; Correa, 2015) et Gil (2020) propose le terme de BIM+ pour les nommer. Au-delà de la coordination des projets et des intervenants, la plupart des cas d'utilisation du BIM+ se concentrent sur les analyses et les simulations d'ingénierie, en tirant parti des données morphologiques urbaines détaillées du BIM. Par exemple, nous pouvons retrouver des études qui concernent le microclimat autour d'une station de métro (Sirakova, 2018), des études ciblées sur des simulations acoustiques (Delval *et al.*, 2018), de confort solaire et aéraulique, ainsi que des analyses de cycle de vie (ACV). Cependant, l'analyse urbaine à plus grande échelle est rarement réalisée avec des modèles de type BIM étendus à l'échelle du quartier ou de la ville (BIM+).

Le CIM sur lequel nous avons pu réaliser nos expérimentations, grâce au projet collaboratif E3S (Eiffage et Université Gustave Eiffel), représente le quartier français de La Vallée, situé dans la banlieue de Paris, sur l'ancien site de l'École Centrale. Le CIM de La Vallée est un modèle de type BIM+ actuellement dans sa première version. Il représente les lots immobiliers et les espaces publics. L'objectif de nos expérimentations est de produire des recommandations pour la version finale de ce CIM. Pour respecter les exigences Open Bim de la maîtrise d'ouvrage, le CIM est exporté au format IFC, un standard BIM ouvert, par les différents BIM managers internes aux agences (architectes, urbanistes, etc.) et assemblé par un CIM manager chargé de la coordination et de l'assemblage des différents modèles. Il est géoréférencé au niveau LoGeoRef 20 (Christian & Hendrik, 2019).

2.2.   La quête de la durabilité *via* le CIM ?

Les Nations unies définissent 17 objectifs de développement durable dans une optique de soutenabilité de la planète et de ses habitants (United Nations, 2015). Dans le cadre de cet article, nous ciblons notre participation, étant donné notre approche, principalement sur l'objectif 11 « villes et communautés durables » (United Nations, 2015). En effet, l'un des objectifs de l'urbanisme durable est de répondre aux défis contemporains en utilisant des outils transversaux pour préserver les ressources et assurer le bien-être des usagers en répondant à leurs besoins. Les analyses urbaines tentent de mesurer l'impact de la construction sur le territoire, qu'il soit économique, environnemental ou social. Les architectes et les urbanistes emploient les techniques visuelles et numériques, allant de la carte aux modèles numériques, depuis des siècles pour la conception et l'analyse et des villes (Goodchild, 2010 ; Jacquinod, 2014 ; Longley *et al.*, 2005 ; Söderström, 2000). Le CIM est une des méthodes actuelles permettant d'utiliser les données et la visualisation pour tendre vers une planification urbaine actualisée. Le CIM peut donc être associé à l'objectif 11 établi par les Nations unies, puisqu'il constitue un moyen actualisé de participer à la mise en œuvre de ses ambitions.

Traditionnellement, les analyses urbaines sont basées sur un diagnostic, qui emploie généralement des indicateurs tels que la compacité et la densité, qui sont étroitement liés. Le concept d'intensité urbaine a été introduit par un certain nombre d'auteurs pour dépasser ces indicateurs traditionnels et fréquemment utilisés, souvent caractérisés comme insuffisants (Darley *et al.*, 2009 ; Guan & Rowe, 2016). Par son caractère transversal, l'intensité est une notion qui approche diverses aspirations de l'objectif de durabilité ciblé par notre article. Cependant, ce concept reste large, flou, non défini et il n'existe actuellement aucune méthode fiable et largement acceptée pour opérationnaliser la qualification et/ou la quantification de l'intensité urbaine.

Du point de vue technique, l'utilisation des CIM a déjà été envisagée par plusieurs auteurs, bien que jamais mise en pratique pour réaliser une analyse sur un quartier spécifique. Hamilton *et al.* recommandaient dès 2005 que les outils d'analyse urbaine prennent en compte à la fois la structure physique de la ville et les multiples dimensions du système urbain (social, économique, environnemental, culturel). Certains mettent en évidence que le CIM peut jouer plusieurs rôles dans l'analyse urbaine au cours des différentes phases du projet, en tenant compte de la temporalité (Gil, 2020). Le CIM est donc, pour certains, considéré comme une plateforme appropriée pour soutenir les processus d'analyse urbaine visant une meilleure durabilité et intégration des informations (Amorim, 2016 ; Billen *et al.*, 2015 ; Correa & Santos, 2015 ; Dantas *et al.*, 2019 ; Petrova-Antonova & Ilieva, 2019 ; Sielker & Sichel, 2019 ; Thompson *et al.*, 2016). Dans cet article, nous proposons donc de mettre en évidence le potentiel et les défis des CIM pour la réalisation d'analyses urbaines, traditionnellement basées sur des données issues des SIG (Goodchild, 2010 ; Longley *et al.*, 2005) et, plus précisément, pour notre cas d'étude, qui est l'intensité urbaine ciblée sur les usages.

3.   Méthodologie

Le CIM de La Vallée est généré par l'assemblage des diverses maquettes produites et exportées par les BIM managers internes aux agences d'architecture et d'urbanisme dans un format interopérable, à savoir l'IFC. Cela permet le développement d'une maquette compilée au format natif (.nwd), mais également disponible au format IFC, appelée CIM de La Vallée. Le processus technique que nous avons utilisé pour cette recherche est expérimental et s'articule en 4 grandes étapes, notamment à cause de la complexité et de la lourdeur de l'ensemble des maquettes. La figure 1 décrit les grandes étapes de ce processus, en indiquant l'aspect itératif de certaines tâches, permettant de tirer le meilleur parti possible de ce travail exploratoire.

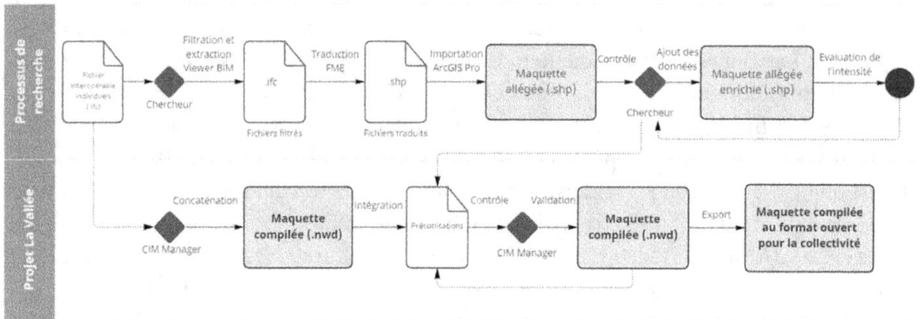

Figure 1. Processus méthodologique et proposition d'interaction avec les acteurs du projet La Vallée

3.1. Analyse de la maquette compilée au format natif

Dans un premier temps, la maquette compilée (comprenant la phase 1 du quartier La Vallée) a été explorée de sorte à comprendre sa « structure » ainsi que le contenu et le type de données retrouvées. La plateforme BIM 360 est celle qui a été choisie par les concepteurs du CIM La Vallée afin de mettre la maquette à disposition des acteurs du projet. Cette période d'exploration a permis de faire de premiers constats, notamment la mise en évidence de la complexité, du niveau de détail ainsi que de l'abondance des données modélisées et liées dans la maquette compilée.

Deux exports de la maquette globale (au format natif propriétaire et au format IFC) ont été utilisés, de sorte à entamer nos expérimentations. Malheureusement, ces exportations se sont révélées trop complexes à exploiter à cause du poids des fichiers et des limites des outils existants en la matière. Nous avons pris le parti de recréer une maquette de travail compilée adaptée à l'analyse de l'intensité urbaine, basée sur l'ensemble des maquettes (et donc des données) compilées formant le CIM La Vallée. Pour pouvoir être utilisable, cette maquette doit être limitée aux informations nécessaires pour l'analyse urbaine, constituant ainsi une version spécifique très allégée de la base de données que constitue le CIM du quartier.

3.2. Exploitation des maquettes individuelles au format IFC

Nous nous sommes appuyés sur les maquettes individuelles au format IFC (maquettes par lot immobilier et par catégorie pour les espaces publics). Les diverses maquettes des lots et des infrastructures publiques (routes, réseaux…) au format IFC ont été mobilisées, soit 29 fichiers (23 fichiers ciblés sur les lots constructifs et 6 fichiers concernant les réseaux et aménagements urbains). L'analyse des fichiers IFC a permis de développer pour chaque fichier un processus de filtration et d'export des données, prenant en compte la structure du fichier, la méthode de modélisation utilisée (pouvant varier d'un fichier à l'autre, selon le producteur) et les besoins en données, formalisés pour le calcul de l'intensité urbaine. Une plus grande uniformisation des pratiques de modélisation BIM permettrait de faciliter grandement ce processus, très chronophage dans notre approche exploratoire.

Des *viewers* BIM ouverts et gratuits ont été utilisés pour explorer les maquettes individuelles au format IFC, afin de mettre en place des méthodes d'extraction des données nécessaires au calcul de l'intensité urbaine.

3.3.   Création d'une maquette allégée au format SIG

Pour exploiter les données, nous avons choisi d'utiliser un environnement de type SIG, adapté au traitement de données à l'échelle urbaine et facile à mettre en œuvre pour un travail expérimental. Les données ont donc été transformées au format SIG, afin de réaliser les calculs à proprement dit. Cela a nécessité l'utilisation d'un outil ETL payant, qui a facilité la transformation des fichiers IFC, qui peut s'avérer complexe selon l'organisation des fichiers et la manière dont les propriétés sont stockées. Nous avons ainsi pu créer une maquette plus légère et dont le contenu était plus spécifique à nos recherches. Pour pouvoir calculer l'intensité urbaine selon notre indicateur, nous avons également dû ajouter manuellement certaines données dans les couches de données créées à partir des exports des fichiers IFC.

3.4.   Élaboration des préconisations

Au fur et à mesure de nos diverses expérimentations, nous avons établi des préconisations concernant les données minimales, diverses pistes de stockage, de structure, ainsi que de modélisation pour la réalisation d'analyses urbaines. Ces préconisations sont partagées régulièrement avec les acteurs du projet La Vallée et certaines sont actuellement testées pour évaluer la possibilité de leur mise en œuvre. Elles ont également pour objectif d'alimenter et d'enrichir le CIM de La Vallée ainsi que de permettre à des maîtres d'ouvrage d'obtenir des CIM aisément mobilisables pour des analyses urbaines à l'échelle macroscopique. Certaines de ces préconisations sont présentées dans la section 5 de cet article.

4.   Étude de cas

Dans ce papier, nous proposons de mettre en évidence l'utilité du CIM en cours de constitution de La Vallée pour les analyses urbaines par le biais d'une étude spécifique sur le cas de l'intensité urbaine. Nous replaçons brièvement l'intensité urbaine dans le contexte urbain et exposons ensuite notre interprétation et formalisation de ce concept.

4.1.   L'intensité urbaine, focus sur les usages

De nombreux chercheurs et urbanistes promeuvent le modèle de ville dense et compacte (Boussauw *et al.*, 2011 ; Frank & Pivo, 1994 ; Jenks, 2019 ; Lehmann, 2010). D'autres critiquent l'emploi, parfois abusif, de ces indicateurs en mettant en évidence leur possible contre-productivité (Teller & Fontaine, 2018). Les travaux de Rerat (2012) critiquent les modèles compacts en montrant leurs limites en termes de faisabilité, de clivage social et aussi de manque de compatibilité avec le développement durable. De plus, Stonor (2019) affirme que les indicateurs monocritères sont des outils techniques utiles, mais ne parviennent pas à répondre aux attentes sociétales en termes de durabilité. Richard Florida (2012) affirme que la fonction première d'une ville est de permettre et d'assurer les échanges et les combinaisons entre les idées et les personnes. Il ajoute que les espaces conçus dans l'optique de la seule densité peuvent inhiber ces échanges. D'autres auteurs défendent que les systèmes urbains soient des modèles complexes, recouvrant diverses dimensions qui ne peuvent être mesurées par un critère unique (Batty, 2008 ; Solecki *et al.*, 2013 ; Billen *et al.*, 2015). L'image simple de la complexité du système urbain et de sa diversité ne peut donc pas être basée sur un seul critère. En effet, l'uniformité n'est pas de mise dans le domaine de l'urbanisme, tant celui-ci est diversifié en termes de contextes. Ces divers propos et constats ont réintroduit plus récemment le concept d'intensité urbaine dans l'approche au territoire. De nombreuses observations de l'intensité urbaine coexistent dans la littérature et s'accordent toutes sur l'approche systémique de ce concept, soulignant son caractère composite.

Dans notre recherche, nous prenons le postulat que l'identification et l'évaluation de certains éléments permettent de caractériser l'usage des espaces, de comprendre les échanges possibles entre un lieu et ses usagers. Nous proposons donc un indice ciblé sur l'usage, en évaluant une série d'éléments influençant l'utilisation des espaces. Le choix des usages n'est pas anodin et est particulièrement lié à la soutenabilité d'un aménagement. En effet, lorsqu'on s'intéresse à la littérature le concernant, on constate que certains auteurs considèrent les usages comme liés à la satisfaction des besoins, à l'attachement et à la qualité du lieu et contribuent donc à la pérennisation des lieux et à la qualité de vie. Ces deux éléments sont notamment des vecteurs de durabilité des espaces conçus et construits jouant un rôle majeur face aux divers enjeux de durabilité actuels. Notre vision de l'intensité des usages, qui est notre cas d'étude, a été formalisée sous la forme d'un indice étant constitué de différentes variables :

$$I_{u,T} = \frac{P_U \cdot \Delta_{t,u}}{\Delta_{t,g}} + \varphi \tag{1}$$

Où $-I_{u,T}$ = indice d'intensité des usages

P_U = le potentiel d'usages d'un espace

$\Delta_{t,u}$ = le temps moyen d'utilisation

$\Delta_{t,g}$ = le pas de temps étudié

4.2.   Paramètres étudiés de la variable principale de l'indice

La variable dont il est question dans cet article est le potentiel d'usages (Pu) qui est constitué de divers facteurs d'influences (3), thèmes (4), critères (10) et paramètres (27). Nous ne pouvons pas aborder ici l'ensemble des thèmes, critères et paramètres un à un et nous ciblons donc notre étude sur ceux qui ont un impact significatif sur l'aménagement durable, pérenne et remettant au centre des attentions les enjeux environnementaux auxquels doivent faire face les acteurs de la planification d'aujourd'hui. Nous reprenons brièvement les thèmes et critères du potentiel d'usages dans un tableau ci-après afin de synthétiser leurs apports respectifs.

Table 1. Liste des thèmes et critères du potentiel d'usages sélectionnés pour être abordés dans la suite de l'article

Thèmes	Critères	Pertinence
Qualité Typomorphologique	Imperméabilisation des sols	Considérée comme l'un des enjeux les plus importants de la planification urbaine actuelle étant donné la situation climatique alarmante (Amundson *et al.*, 2015), la limite de l'imperméabilisation des sols est plus qu'essentielle afin de ne pas accroître les risques d'inondations et les diverses pénuries d'eau (Pistocchi *et al.*, 2015). Aussi, l'imperméabilisation des sols contribue notamment au réchauffement de l'atmosphère et représente une réelle menace pour la biodiversité (European Commission, 2012).
Accessibilité du quartier	Mobilité	La mobilité se trouve au centre de divers enjeux à la fois sociaux, mais aussi environnementaux. En effet, la mobilité a une incidence non négligeable sur l'accès aux diverses commodités (Kokkola *et al.*, 2022), sur la production de gaz à effet de serre ainsi que sur la qualité de l'air (Nikulina *et al.*, 2019). Si la mobilité douce n'est pas réfléchie et favorisée, les longs déplacements ne cesseront de se multiplier (Emara & Khames, 2008).
Attractivité	Diversité fonctionnelle	Directement liée à la mobilité, la diversité fonctionnelle permet de diminuer les déplacements de longues distances en favorisant la mobilité douce. Elle encourage la polyvalence, la proximité, ainsi que la consommation locale (CPDT, 2009).
	Adaptabilité	L'adaptabilité d'un espace fait écho à la réversibilité et donc à la multiplication des usages possibles en son sein. Ce critère met en évidence l'apport de la pluralité des usages dans un même espace pour diverses actions ainsi que le lien qu'il entretient avec l'économie de ressources non renouvelables, comme le sol.
	Possibilités temporelles	Ce critère permet d'évaluer comment un espace s'anime en fonction des activités qui y sont retrouvées. Il permet de conscientiser les concepteurs en termes d'attractivité hebdomadaire et rythmes retrouvés dans un espace, de sorte à éviter que certains endroits soient complètement éteints durant certaines périodes.

Ensemble, les divers thèmes et critères énoncés dans la Table 1 prennent en considération l'impact que peut avoir la mobilité (douce ou non) sur les ressources environnementales, mettent en évidence la nécessité de diversifier les activités dans un même espace de sorte à mutualiser les espaces et ne pas les réduire à un seul usage ni à une temporalité limitée. Au travers du potentiel des usages, l'objectif de l'indice d'intensité des usages est de constituer une aide à la conception, de sorte à promouvoir des scénarios améliorant l'attractivité, le dynamisme et l'utilisation des lieux. Il s'agit notamment d'éviter leur obsolescence trop rapide et l'absence de prise en compte de l'impact du bâti sur le territoire et, plus largement, l'environnement afin de tendre vers une conception plus qualitative et soutenable.

5.   Résultats et préconisations

Pour chacun des critères, nous proposons un bref tableau précisant leurs paramètres, les données issues du CIM La Vallée nécessaires à leur calcul, ainsi que les ajouts spécifiques que nous avons dû faire pour compléter les données issues de la version initiale du CIM. Dans les tableaux dressés par critère, nous ne spécifions que les ajouts encore non mentionnés dans les tableaux des autres critères. Nous évitons ainsi diverses redondances.

5.1. Imperméabilisation des sols

Pour calculer ce critère, trois paramètres entrent en jeu et sont basés sur des données trouvées dans trois classes IFC distinctes. Afin de catégoriser les surfaces comme « imperméables et perméables », pour ce cas, nous nous sommes basés sur leur propriété « nom », informant sur leur nature et matérialité. Concernant les propriétés de superficie ajoutées, elles ont été calculées sur base de la modélisation géométrique tridimensionnelle.

Table 2. Données issues du CIM, classe de stockage et propriétés ajoutées – imperméabilisation des sols

Paramètres	Données existantes	Classe de stockage	Données/Propriétés ajoutées
Surfaces perméables	– Surfaces des espaces publics et verts	– IfcSlab	– Propriété de superficie
Surfaces imperméables	– Surfaces des espaces publics (voiries, trottoirs) – Emprise au sol des lots	– IfcSlab – IfcRamp	– Propriété de superficie /
Surface totale	– Surface du quartier	– IfcBuildingElementProxi	/

5.2. Mobilité

Ce critère se décline en quatre paramètres. Les données existantes dans la version initiale du CIM ont été trouvées dans les classes, les IfcSlab et IfcFurnishingElement. Cependant, aucun des paramètres n'a pu entièrement être calculé sur la base unique des données existantes : des propriétés d'usagers ont été ajoutées aux IfcSlab.

Table 3. Données issues du CIM, classe de stockage et propriétés ajoutées – mobilité.

Paramètres	Données existantes	Classe de stockage	Données/Propriétés ajoutées
Diversité des surfaces de transports	– Surfaces des espaces publics perméables et verts	– IfcSlab	– Propriété de types d'usagers
Offre en stationnement	– Surface des espaces publics imperméabilisés (voiries, trottoirs) – Emprise au sol des lots	– IfcSlab – IfcFurnishingElement	– Propriété de types d'usagers /
Qualité de la desserte en transports publics	/	/	– Fréquence de desserte aux arrêts – Entités ponctuelles aux arrêts
Connexions du quartier	/	/	– Entités ponctuelles aux entrées/sorties du quartier

5.3. Diversité fonctionnelle

Trois paramètres constituent ce critère. Afin de les calculer, nous nous appuyons sur les données stockées dans les classes IfcSpace et IfcSlab. Cependant, diverses propriétés ont été ajoutées aux deux classes, comme les noms des bâtiments auxquels ils appartiennent, leurs fonctions et leurs surfaces. En supplément, nous avons ajouté des propriétés de types d'usages aux surfaces d'espaces publics, comme les voiries, trottoirs ou places.

Table 4. Données issues du CIM, classe de stockage et propriétés ajoutées – diversité fonctionnelle.

Paramètres	Données existantes	Classe de stockage	Données/Propriétés ajoutées
Diversité urbaine	– Surfaces des fonctions internes aux bâtiments	– IfcSpace (internes)	– Propriété de nom de bâtiment – Propriété de superficie – Propriété de type de fonction
	– Surfaces des espaces publics (voiries, espaces verts…)	– IfcSlab	– Propriété de types d'usages – Propriété de type de fonction
Répétition des services ou équipements	– Surfaces des fonctions internes aux bâtiments	– IfcSpace (internes)	– Propriété de nom de bâtiment – Propriété de superficie – Propriété de type de fonction
Polyvalence (lots constructifs + espaces publics)	– Surfaces des fonctions internes aux bâtiments	– IfcSpace (internes)	– Propriété de nom de bâtiment – Propriété de superficie – Propriété de type de fonction
	– Surfaces des espaces publics (voiries, trottoirs, places, espaces verts)	– IfcSlab	– Propriété de types d'usages – Propriété de type de fonction

5.4. Adaptabilité

L'adaptabilité ne se décline qu'en un seul paramètre s'appuyant uniquement sur les IfcSlab. Afin de calculer l'adaptabilité des espaces publics, il est nécessaire d'ajouter des informations concernant les matériaux. En effet, des propriétés caractérisant la modularité des matériaux ou non sont des propriétés faciles à identifier (références existantes) et ne demandant que peu d'efforts pour les ajouter aux entités modélisées dans la classe.

Table 5. Données issues du CIM, classe de stockage et propriétés ajoutées – adaptabilité.

Paramètres	Données existantes	Classe de stockage	Données/Propriétés ajoutées
Possibilité d'évolution et de réversibilité	– Surfaces des espaces publics (voiries, trottoirs, places, espaces verts)	– IfcSlab	– Propriété de type de matériaux

5.5. Possibilités temporelles

Ce dernier critère est particulièrement lié aux enjeux environnementaux et climatiques actuels et l'évaluation de son unique paramètre repose sur les IfcSpace internes des bâtiments. Les propriétés ajoutées sont d'ordre temporel et reprennent les heures de début et de fin d'occupation relatives aux fonctions.

Table 6. Données issues du CIM, classe de stockage et propriétés ajoutées – possibilités temporelles.

Paramètres	Données existantes	Classe de stockage	Données/Propriétés ajoutées
Plages d'occupation	– Surfaces des fonctions internes aux bâtiments	– IfcSpace	– Propriétés de début d'occupation – Propriétés de fin d'occupation

5.6. Préconisations

Nos expérimentations ont permis de confirmer la pertinence d'un CIM (ou, dans notre cas, d'un BIM+) pour la réalisation d'analyses urbaines, mais aussi de pointer certaines limites des modes actuels de production des modèles BIM+, souvent non conçus pour une utilisation à l'échelle urbaine. Nous proposons diverses pistes pour produire des CIM pouvant être stockés dans des formats ouverts IFC ou SIG et dont les informations pourraient être utilisées à l'échelle urbaine, si besoin après une extraction automatisable. Une partie des préconisations est liée au caractère expérimental de la démarche et au manque de recul existant sur la constitution de CIM à l'échelle urbaine. Ainsi, malgré l'établissement de documents encadrant la modélisation (charte et protocole CIM notamment), la diversité des pratiques de modélisation chez les différents acteurs du projet, ainsi que la multiplicité des modes d'association des informations aux objets modélisés, conduisent à une hétérogénéité des modèles qui rend difficile leur exploitation en empêchant l'établissement d'un protocole unique d'extraction des données pour l'ensemble des modèles et l'automatisation de cette étape.

5.6.1. Nomenclature

L'idéal serait qu'au sein d'une même maquette compilée, tous les lots, espaces publics et infrastructures de réseaux emploient une seule et même nomenclature, notamment pour le nommage de tous les éléments modélisés (planchers, baies, murs, portes, espaces publics, mobiliers…). Pour ces nomenclatures, nous pensons également que des codes spécifiques, informant sur la nature de l'objet (voirie, trottoir, mur de façade…) et facilitant leur sélection automatique, sont à favoriser dans la convention de nommage établie.

5.6.2. Propriétés liées

Dans la version initiale du CIM, certaines propriétés liées aux entités modélisées sont encodées différemment/à différents endroits, voire manquantes, en fonction des modèles considérés. Dans le cas du projet La Vallée, cela a en partie été pallié par le CIM management pour établir une maquette compilée du quartier sous un format propriétaire. Pour que les fichiers IFC exportés par chacun des acteurs soient réutilisables pour des analyses à l'échelle urbaine, un travail sur les prescriptions en termes d'export IFC reste à réaliser, certains effets n'ayant pas pu être anticipés en amont de la réalisation du CIM.

De plus, comme exposé dans nos résultats, de nombreuses propriétés ne sont pas reprises. Il nous semble important de travailler à une identification des objets et des propriétés liées utiles pour un raisonnement à l'échelle urbaine, afin de consolider la formalisation des besoins des maîtres d'ouvrage en termes de CIM. Cela devrait permettre aux données du CIM d'être exploitées tout au long du cycle de vie des aménagements urbains, notamment en facilitant la sélection et l'exportation des données pertinentes à l'échelle urbaine. Une première version des éléments nécessaires à l'analyse de l'intensité urbaine est présentée dans la figure 2. Cette première formalisation a permis de constater, grâce aux échanges avec les chercheurs d'autres disciplines dans le cadre du projet E3S, que ce set limité d'informations serait également très utile à d'autres analyses à l'échelle du quartier, notamment les analyses de mobilité ou encore les analyses de cycle de vie (Delhoum *et al.*, 2021 ; Mielniczek *et al.*, 2022).

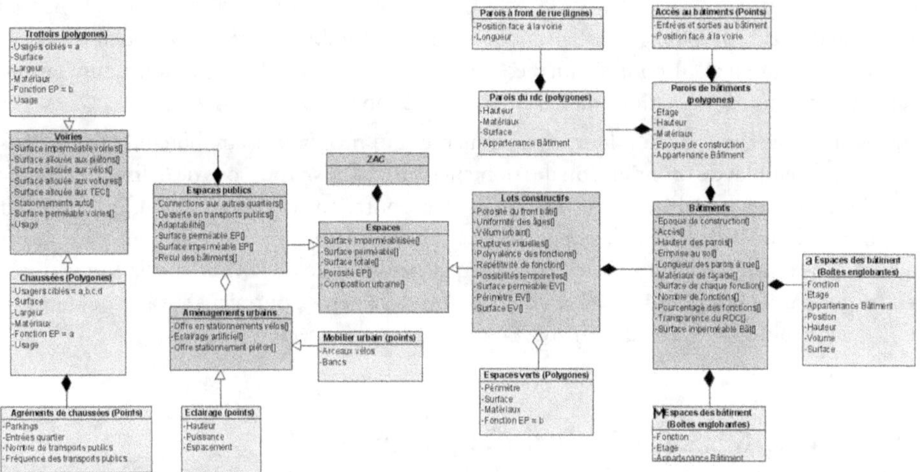

Figure 2. Schéma des éléments nécessaires au calcul de l'intensité urbaine.

5.6.3. Modélisation et niveau de détail

La question de l'échelle est centrale dans nos propositions de préconisations. En effet, la généralisation à partir d'éléments très précis étant difficiles à automatiser, nous proposons de tirer parti des possibilités des formats SIG et BIM, en particulier du format IFC, afin d'intégrer dans les modèles CIM des données structurantes à l'échelle urbaine. Ainsi, au sein des modèles BIM+, un certain nombre de données pourraient être utilement stockées dans les classes supérieures de la hiérarchie IFC (IfcProject, IfcSite, IfcBuilding), sans que cela ne nécessite de modélisation d'éléments géométriques spécifiques.

Pour certaines thématiques, nous explorons également des modélisations géométriques spécifiques. Pour les voiries, par exemple, un découpage peut être fait en fonction des usages et de la nature des voies. Nous nous appuyons sur les travaux de Beil et Kolbe (2020) sur le modèle de transports CityGML. Ils suggèrent un découpage de l'espace destiné aux transports par attributs de fonctions. Cette proposition a fait l'objet d'un test simple sur le CIM La Vallée qui s'est révélé efficace et relativement simple à mettre en œuvre (Figure 3).

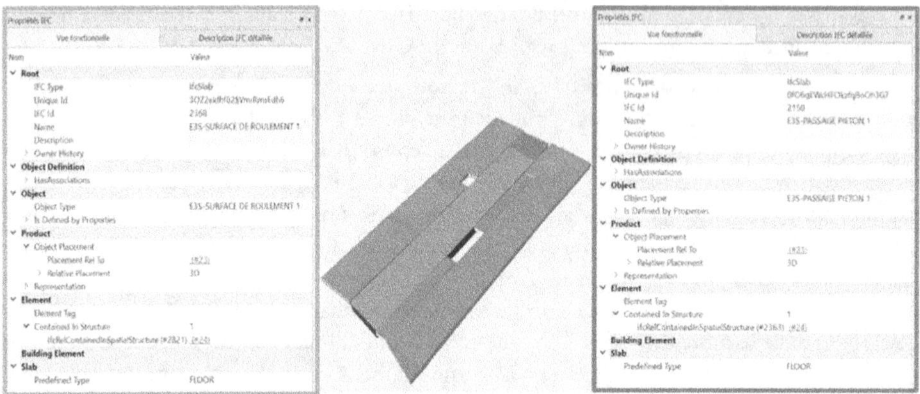

Figure 3. Test de modélisation par nature et usage des voiries, CIM de La Vallée

Cette méthode de découpage permettrait de réaliser de nombreuses analyses au-delà du calcul de l'intensité urbaine. Il pourrait même être utilisé par la suite dans la gestion du quartier, notamment pour des questions de travaux/quantification.

En ce qui concerne certaines données manquantes qui ne peuvent être obtenues par le biais des seuls ensembles de propriétés ou des nomenclatures, nous proposons de définir des entités simples avec des ensembles de propriétés liés, qui pourraient être ajoutés au CIM, dont un des objectifs serait de servir de supports à des analyses urbaines. Par exemple, nous avons ajouté dans notre modèle les connexions du quartier au reste de la ville sous la forme d'une entité ponctuelle pour chaque connexion. Quelques éléments pourraient ainsi être ajoutés au CIM, au besoin sous forme d'IfcSpace, avec des propriétés spécifiques liées.

6. Conclusion et perspectives

Les analyses urbaines sont et resteront des étapes indispensables à la production de villes plus raisonnées, réfléchies et soutenables, en analysant les impacts de divers facteurs sur le territoire. Les outils caractérisés innovants, comme le CIM, le BIM+ ou les maquettes numériques sémantiques ayant les mêmes objectifs, se développent davantage sans toujours avoir connaissance de leurs multiples usages et leur potentiel.

Dans cet article, nous décrivons une méthode expérimentale déployée afin d'exploiter les données issues d'un CIM pour des analyses à l'échelle urbaine. Nous mettons en évidence les données nécessaires afin de parvenir à réaliser une analyse urbaine sur le sujet spécifique de l'intensité urbaine ciblée sur les usages. Enfin, nous proposons des pistes pour des préconisations les plus simples possibles afin que les modèles sémantiques à l'échelle du quartier ou de la ville (CIM ou autre labels) puissent servir de support/base de données globale pour la réalisation de diverses analyses urbaines tout au long du cycle de vie des aménagements urbains.

Le projet E3S nous a permis de constater l'importance de travaux transdisciplinaires afin d'établir des préconisations communes et utiles dans différents domaines (intensité urbaine, mobilité, analyse du cycle de vie, analyses sur la qualité de l'air ou les îlots de chaleur, etc.). Ces travaux peuvent s'appuyer sur les normes existantes pour les modèles de villes comme le

CityGML. Nos premiers travaux dans ce sens montrent que les démarches exploratoires sont indispensables pour que chaque discipline puisse expérimenter le potentiel du CIM, formaliser ses besoins pour qu'ils soient utilisables par les maîtres d'ouvrage, mais également faire évoluer leurs méthodes d'analyse en fonction des données CIM de plus en plus souvent produites dans le cadre des projets d'aménagement.

Références

Amorim, A. L. de. (2016). Cidades Inteligentes e City Information Modeling. *Blucher Design Proceedings*, 481-488. https://doi.org/10.5151/despro-sigradi2016-440

Amundson, R., Berhe, A. A., Hopmans, J. W., Olson, C., Sztein, A. E., & Sparks, D. L. (2015). Soil and human security in the 21st century. *Science*, *348*(6235), 1261071. https://doi.org/10.1126/science.1261071

Arroyo Ohori, K., Diakité, A., Krijnen, T., Ledoux, H., & Stoter, J. (2018). Processing BIM and GIS Models in Practice: Experiences and Recommendations from a GeoBIM Project in The Netherlands. *ISPRS International Journal of Geo-Information*, *7*(8), 311. https://doi.org/10.3390/ijgi7080311

Ayeni, 'Bola. (2017). *Concepts and Techniques in Urban Analysis*. Routledge.

Beil, C., & Kolbe, T. H. (2020). Combined modelling of multiple transportation infrastructure within 3D city models and its implementation in CityGML 3.0. *ISPRS Annals of Photogrammetry, Remote Sensing and Spatial Information Sciences*, *VI-4/W1-2020*, 29-36. https://doi.org/10.5194/isprs-annals-VI-4-W1-2020-29-2020

Billen, R., Cutting-Decelle, A.-F., Métral, C., Falquet, G., Zlatanova, S., & Marina, O. (2015). Challenges of Semantic 3D City Models: A Contribution of the COST Research Action TU0801. *International Journal of 3-D Information Modeling*, *4*(2), 68-76. https://doi.org/10.4018/978-1-5225-1677-4.ch016

Boussauw, K., Neutens, T., & Witlox, F. (2011). *Relationship between Spatial Proximity and Travel-to-Work Distance: The Effect of the Compact City*. *46*(6), 34.

Chen, K., Lu, W., Xue, F., Tang, P., & Li, L. H. (2018). Automatic building information model reconstruction in high-density urban areas: Augmenting multi-source data with architectural knowledge. *Automation in Construction*, *93*, 22-34. https://doi.org/10.1016/j.autcon.2018.05.009

Christian, C., & Hendrik, G. (2019). Level of Georeferencing (LoGeoRef) using IFC for BIM. *Journal of Geodesy*, 6.

Correa, F. (2015). *Is BIM Big Enough to Take Advantage of Big Data Analytics?* 32nd International Symposium on Automation and Robotics in Construction, Oulu, Finland. https://doi.org/10.22260/ISARC2015/0019

Correa, F., & Santos, E. (2015). *Na direção de uma Modelagem da Informação da Cidade (CIM)*. 357. https://doi.org/10.5151/engpro-tic2015-032

CPDT. (2009). *Assurer la mixité des fonctions*.

Da Cunha, A., & Kaiser, C. (2009). Densité, centralité et qualité urbaine : La notion d'intensité, outil pour une gestion adaptative des formes urbaines ? *Urbia*, *9*, 13-56.

Dall'O', G., Zichi, A., & Torri, M. (2020). Green BIM and CIM: Sustainable Planning Using Building Information Modelling. In G. Dall'O' (Éd.), *Green Planning for Cities and*

Communities: Novel Incisive Approaches to Sustainability (p. 383-409). Springer International Publishing. https://doi.org/10.1007/978-3-030-41072-8_17

Dantas, H. S., Sousa, J. M. M. S., & Melo, H. C. (2019). The Importance of City Information Modeling (CIM) for Cities' Sustainability. *IOP Conference Series: Earth and Environmental Science*, *225*, 012074. https://doi.org/10.1088/1755-1315/225/1/012074

Darley, A., Zunino, G., & Palisse, P. (2009). *Comment encourager l'intensification urbaine ?* Paris : IAU Institut d'aménagement et d'urbanisme Île-de-France.

Delhoum, Y., Belaroussi, R., Dupin, F., & Zargayouna, M. (2021). Multi-Agent Activity-Based Simulation of a Future Neighborhood. In G. Jezic, J. Chen-Burger, M. Kusek, R. Sperka, R. J. Howlett, & L. C. Jain (Éds.), *Agents and Multi-Agent Systems: Technologies and Applications 2021* (Vol. 241, p. 501-510). Springer Singapore. https://doi.org/10.1007/978-981-16-2994-5_42

Delval, T., Jolibois, A., Carré, S., Aguinaga, S., Mailhac, A., Brachet, A., Soula, J., & Deom, S. (2018). Building/city information model for simulation and data management. In J. Karlshøj & R. Scherer (Éds.), *EWork and eBusiness in Architecture, Engineering and Construction* (1re éd., p. 137-145). CRC Press. https://doi.org/10.1201/9780429506215-18

Deprêtre, A., Jacquinod, F., & Mielniczek, A. (2022). Exploring Digital Twin adaptation to the urban environment: comparison with CIM to avoid silo-based approaches. *ISPRS Annals of the Photogrammetry, Remote Sensing and Spatial Information Sciences*, V-4-2022, 337-344. https://doi.org/10.5194/isprs-annals-V-4-2022-337-2022

Emara, K. M., & Khames, A. (2008). Functional outcome after lengthening with and without deformity correction in polio patients. *International Orthopaedics*, *32*(3), 403-407. https://doi.org/10.1007/s00264-007-0322-0

European Commission. (2012). *Lignes directrices concernant les meilleures pratiques pour limiter, atténuer ou compenser l'imperméabilisation des sols*. Publications Office. https://data.europa.eu/doi/10.2779/79012

Florida, R. (2012, mai 16). The Limits of Density. *Bloomberg*.

Frank, L. O., & Pivo, G. (1994). The Impacts of Mixed Use and Density on The Utilization of Three Modes of Travel: The Single Occupant Vehicle, Transit, and Walking. *Issues in land use and transportation planning, models, and applications.*, 44-52.

Garramone, M., Moretti, N., Scaioni, M., Ellul, C., Re Cecconi, F., & Dejaco, M. C. (2020). BIM and GIS Integration for infrastructure asset management: a bibliometric analysis. *ISPRS Annals of the Photogrammetry, Remote Sensing and Spatial Information Sciences*, *VI-4-W1-2020*, 77-84. https://doi.org/10.5194/isprs-annals-VI-4-W1-2020-77-2020

Gil, J. (2020). City Information Modelling: A Conceptual Framework for Research and Practice in Digital Urban Planning. *Built Environment*, *46*(4), 501-527. https://doi.org/10.2148/benv.46.4.501

Goodchild, M. F. (2010). Towards Geodesign : Repurposing Cartography and GIS? *Cartographic Perspectives*, *66*, 7-22. https://doi.org/10.14714/CP66.93

Guan, C., & Rowe, P. G. (2016). The concept of urban intensity and China's townization policy: Cases from Zhejiang Province. *Cities*, *55*, 22-41. https://doi.org/10.1016/j.cities.2016.03.012

Jacquinod, F. (2014). *Production, pratique et usages des géovisualisations 3D dans l'aménagement du territoire*. Université de Saint-Étienne.

Jenks, M. (2019). Compact City. In *The Wiley Blackwell Encyclopedia of Urban and Regional Studies* (p. 1-4). American Cancer Society. https://doi.org/10.1002/9781118568446.eurs0530

Kokkola, M., Nikolaeva, A., & Brömmelstroet, M. te. (2022). Missed connections ? Everyday mobility experiences and the sociability of public transport in Amsterdam during COVID-19. *Social & Cultural Geography*, 1-20. https://doi.org/10.1080/14649365.2022.2084148

Lehmann, S. (2010). Green Urbanism: Formulating a Series of Holistic Principles. *S.A.P.I.EN.S. Surveys and Perspectives Integrating Environment and Society*, 3(2), Article 3.2. http://journals.openedition.org/sapiens/1057

Longley, P. A., Goodchild, M. F., Maguire, D. J., & Rhind, D. W. (Éds.). (2005). *Geographical Information Systems: Principles, Techniques, Management and Applications*. (Wiley).

Mielniczek, F., Alexandre Thomas, Roux, C., & Jacquinod, F. (2022). *Toward enhanced ecodesign of urban project thanks to City Information Modelling*. https://hal.archives-ouvertes.fr/hal-03673665

Moine, A. (2004). *Comprendre et observer les territoires – L'indispensable apport de la systémique*. 210.

Nikulina, V., Simon, D., Ny, H., & Baumann, H. (2019). Context-Adapted Urban Planning for Rapid Transitioning of Personal Mobility towards Sustainability: A Systematic Literature Review. *Sustainability*, 11(4), 1007. https://doi.org/10.3390/su11041007

Noardo, F., Ellul, C., Harrie, L., Overland, I., Shariat, M., Ohori, K. A., & Stoter, J. (2020a). Opportunities and challenges for GeoBIM in Europe: Developing a building permits use-case to raise awareness and examine technical interoperability challenges. *Journal of Spatial Science*, 65(2), 209-233. https://doi.org/10.1080/14498596.2019.1627253

Noardo, F., Harrie, L., Arroyo Ohori, K., Biljecki, F., Ellul, C., Krijnen, T., Eriksson, H., Guler, D., Hintz, D., Jadidi, M. A., Pla, M., Sanchez, S., Soini, V.-P., Stouffs, R., Tekavec, J., & Stoter, J. (2020b). Tools for BIM-GIS Integration (IFC Georeferencing and Conversions): Results from the GeoBIM Benchmark 2019. *ISPRS International Journal of Geo-Information*, 9(9), 502. https://doi.org/10.3390/ijgi9090502

Petrova-Antonova, D., & Ilieva, S. (2019). Methodological Framework for Digital Transition and Performance Assessment of Smart Cities. *4th International Conference on Smart and Sustainable Technologies (SpliTech)*, 1-6. https://doi.org/10.23919/SpliTech.2019.8783170

Pistocchi, A., Calzolari, C., Malucelli, F., & Ungaro, F. (2015). Soil sealing and flood risks in the plains of Emilia-Romagna, Italy. *Journal of Hydrology: Regional Studies*, 4, 398-409. https://doi.org/10.1016/j.ejrh.2015.06.021

Rerat, P. (2012). Housing, the Compact City and Sustainable Development: Some Insights From Recent Urban Trends in Switzerland. *European Journal of Housing Policy*, 12, 115-136. https://doi.org/10.1080/14616718.2012.681570

Salheb, N., Arroyo Ohori, K., & Stoter, J. (2020). Automatic conversion of CityGML to IFC. *ISPRS - International Archives of the Photogrammetry, Remote Sensing and Spatial Information Sciences*, XLIV-4/W1-2020, 127-134. https://doi.org/10.5194/isprs-archives-XLIV-4-W1-2020-127-2020

Sevtsuk, A., Ekmekci, O., Nixon, F., & Amindarbari, R. (2013). *Capturing urban intensity*. 551-560. Scopus. https://www.scopus.com/inward/record.uri?eid=2-s2.0-84894189865&partnerID=40&md5=0ae63282c410063995c24ff4085b2ded

Sielker, F., & Sichel, A. (2019). *Future Cities in the Making: Overcoming barriers to information modelling in socially responsible cities.* htt ps:// doi.org/10.17863/CAM.43318

Sirakova, T. A. (2018). *Urban Planning: From GIS and BIM straight to CIM. Practical application in the urban area of Porto* [Thèse de Master en ingénierie civile]. Université de Porto.

Söderström, O. (2000). *Des images pour agir. Le visuel en urbanisme (Images for action. The visual in urban planning).*

Stonor, T. (2019). Measuring Intensity—Describing and Analysing the "Urban Buzz". *Iconarp International J. of Architecture and Planning, 7* (Special Issue « Urban Morphology »), 240-248. https://doi.org/10.15320/ICONARP.2019.87

Stouffs, R., Tauscher, H., & Biljecki, F. (2018). Achieving Complete and Near-Lossless Conversion from IFC to CityGML. *ISPRS International Journal of Geo-Information, 7*(9), 355. https://doi.org/10.3390/ijgi7090355

Tauscher, H. (2020). Towards a generic mapping for IFC-CityGML data integration. *ISPRS – International Archives of the Photogrammetry, Remote Sensing and Spatial Information Sciences, XLIV-4/W1-2020,* 151-158. https://doi.org/10.5194/isprs-archives-XLIV-4-W1-2020-151-2020

Teller, J., & Fontaine, P. (2018, octobre 19). La ville dense est-elle toujours durable ? *Projet urbain.* https://jacquesteller.wordpress.com/2018/10/19/la-ville-dense-est-elle-toujours-durable/

Thompson, E. M., Greenhalgh, P., Muldoon-Smith, K., Charlton, J., & Dolník, M. (2016). Planners in the Future City : Using City Information Modelling to Support Planners as Market Actors. *Urban Planning, 1*(1), 79-94. https://doi.org/10.17645/up.v1i1.556

United Nations. (2015). *The 2030 Agenda for Sustainable Development.*

https://cutt.ly/tVCXYGl

Vezzoni, C. (2020). Construire ou ne pas construire ? Telle sera la question. *Villes en Parallèle, 49*(1), 484-489. https://doi.org/10.3406/vilpa.2020.1836

CHAPITRE 3

Simulation numérique de l'étalement urbain et son impact sur l'environnement

Mojtaba Eslahi[1,*], Rani El Meouche[1,*], Muhammad Ali Sammuneh[1]
[1] Institut de recherche en constructibilité (IRC), ESTP Paris, 94230 Cachan,
{relmeouche, meslahi, msammuneh}@estp-paris.eu

Résumé

Aujourd'hui, il existe de nombreuses démarches relatives aux jumeaux numériques (JN), y compris des approches qui ont été étendues aux grands systèmes tels que les bâtiments et les villes. Au-delà de la visualisation, un jumeau numérique urbain nous permet de mieux comprendre les solutions potentielles aux défis urbains, notamment la prise de décisions publiques. Les SIG, la modélisation 3D et l'analyse spatiale peuvent servir à améliorer les opérations urbaines et enrichir les JN. En outre, le phénomène de l'étalement urbain constitue un défi environnemental et climatique majeur. Dans cet article, le modèle SLEUTH a été utilisé pour évaluer l'étalement urbain. Les résultats sont une étape pour développer des JN de la construction et de l'infrastructure dans leur environnement et pour répondre aux objectifs de performances énergétique, environnementale et climatique.

---

*   Corresponding author

Mots-clés

Simulation numérique, étalement urbain, protection environnementale, SIG, modélisation 3D

Abstract

Today, there are many approaches to digital twins (DT), including approaches that have been extended to large systems such as buildings and cities. Beyond visualization, an urban digital twin allows us to better understand potential solutions to urban challenges, including public decision making. GIS, 3D modelling, and spatial analysis can be used to improve urban operations and to enhance DT. In addition, the phenomenon of urban sprawl is a major environmental and climate challenge. In this paper, the SLEUTH model was used to evaluate urban sprawl. The results are a step towards developing DT for construction and infrastructure in their environment and to meet energy, environmental and climate performance objectives.

Keywords

Digital simulation, Urban sprawl, Environmental protection, GIS, 3D modelling

1. Introduction

L'artificialisation des sols est parmi les principaux facteurs de réchauffement climatique, car on intervient sauvagement dans le cercle de vie de la Terre en la bétonnant. L'étalement urbain est considéré alors comme polluant du point de vue écologique. En utilisant les outils numériques de modélisation, de simulation et de prévision dans le domaine de l'urbanisme avec une arrière-pensée responsable et sensible à la question environnementale et climatique, on peut faire la différence, en minimisant l'espace de l'étalement et en le dirigeant vers les zones qui affectent le moins l'environnement (éviter de consommer les espaces verts et agricoles). Les jumeaux numériques ajoutent la possibilité de contrôler les changements d'un modèle numérique en temps réel ou quasi réel en utilisant les données des capteurs avec les techniques de l'intelligence artificielle (AI), l'internet des objets (Iot) et les outils d'alerte (management de risque).

Le changement climatique inquiète de plus en plus les populations partout dans le monde. Personne n'est épargné. Le milieu académique a un rôle primordial à jouer afin d'alerter, d'inciter et de trouver des solutions. Les outils numériques, BIM, CIM, IA, SIG et jumeaux numériques sont au cœur du processus d'apprentissage, de formation et des projets de recherche.

Notre article sur la simulation numérique de l'étalement urbain est un point de départ pour nos recherches de développement des jumeaux numériques de la construction et des infrastructures dans leur environnement qui vise à répondre aux objectifs de performances énergétiques et environnementales par des développements techniques et économiques en utilisant les démarches de la modélisation sémantique.

1.1. Artificialisation des sols et climat urbain

Le changement climatique à cause de la construction fait partie de plusieurs recherches, comme le problème de l'impact de l'artificialisation des sols, la densification des villes sur le climat et la question de la végétation dans le climat urbain (B. Béchet *et al.*, 2017).

L'artificialisation des surfaces en lien avec le phénomène d'urbanisation a un fort impact sur le climat. Le rayonnement, la chaleur et le bilan hydrique sont considérablement modifiés par les niveaux urbains. Les matériaux utilisés stockent la chaleur le jour et la retransmettent la nuit, les niveaux de charge en eau du sol imperméable réduisent l'évaporation, la densité des plantes à faible évaporation modifie le flux d'air. Selon la morphologie de la ville, les zones urbaines ont souvent des températures plus élevées que les zones rurales, et cette différence est généralement plus prononcée la nuit. Par ailleurs, le temps est généralement moins humide dans les zones urbaines que dans les zones rurales. Dans le domaine du réchauffement climatique, plusieurs études ont montré que l'urbanisation peut présenter un phénomène de réchauffement local. Cependant, peu d'études ont été menées sur les effets conjoints du changement climatique et de l'urbanisation sur d'autres paramètres tels que l'humidité de l'air et le vent (B. Béchet *et al.*, 2017).

1.2. Les jumeaux numériques au service du développement durable

Un jumeau numérique est une représentation numérique ou virtuelle d'un objet ou d'un processus qui prend en entrée des données du monde réel provenant d'un objet ou d'un système physique et fournit en sortie des résultats de simulation ou de prospective du système. Il existe plusieurs applications qui traitent de la modélisation des jumeaux numériques pour les questions climatiques dans le monde de la recherche de nos jours. Nous rappelons la définition de JN par l'article de Martin Berutti (VP of Process Simulation, Emerson) pour l'ICE, l'Institution britannique des ingénieurs en génie civil. Le JN « digital twin » y est défini selon cinq caractéristiques majeures. C'est d'abord un modèle numérique de représentation de l'ouvrage dans le monde physique. Il réagit comme l'ouvrage dans l'environnement réel. Il simule les évolutions de l'ouvrage pendant son cycle de vie avec les degrés requis de précision. Il traduit les interactions relationnelles des systèmes et des objets. Il se connecte avec des données en temps réel pour être le miroir de la réalité (ICE Group, 2022).

1.2.1. Projet Destination Terre

En 2019, la Commission européenne a lancé un projet intitulé Destination Terre. Destination Terre (DestinE) est un projet ambitieux de développement d'un jumeau numérique très précis de la Terre en 2030, financé par le programme Digital Europe de la Commission européenne. Ce projet est pour aider les scientifiques et les décideurs à mieux explorer les activités naturelles et humaines, ainsi qu'à élaborer et à tester une série de scénarios pour un développement durable et des stratégies adaptées pour lutter contre le changement climatique (L'Éclaireur Fnac, 2022).

Les trois membres exécutifs principaux de ce projet sont le Centre européen pour les prévisions météorologiques à moyen terme (CEPMMT), l'Agence spatiale européenne (ESA) et l'Organisation européenne pour l'exploitation de satellites météorologiques (EUMETSAT), qui travaillent sous la direction de la Commission européenne.

L'une des principales missions de ce projet concerne les risques liés à la climatologie. Une réplique numérique axée sur l'adaptation au changement climatique fournira des capacités d'observation et de simulation pour confirmer les activités et les scénarios d'atténuation du changement climatique. Par ailleurs, d'autres domaines seront également mis à contribution pour aider à atteindre la neutralité carbone, comme l'agriculture durable ou la sécurité énergétique (Destination Earth, 2022).

Le rapport du Groupe d'experts intergouvernemental sur l'évolution du climat (GIEC) indique que le monde sera confronté à un certain nombre de risques climatiques inévitables au cours des deux prochaines décennies avec un réchauffement planétaire de 1,5 degré Celsius. Par conséquent, il est nécessaire de prendre des décisions urgentes pour s'adapter au changement climatique tout en réduisant les émissions de gaz à effet de serre de manière rapide et significative (usine-digitale, 2022). Ainsi, ce futur jumeau numérique peut aider à sélectionner les actions les plus efficaces.

1.2.2.   JN Digital Air

Zahari et Dimov (2022) ont utilisé un jumeau numérique pour étudier l'influence des changements climatiques sur les niveaux élevés d'ozone en Bulgarie. Dans ce but, ils ont appliqué un jumeau numérique appelé Digital Air pour vérifier certains changements futurs possibles dans les concentrations d'ozone qui seront causés par l'augmentation prévue des niveaux de température en Europe. Ce modèle peut présenter de manière précise les processus pertinents dans l'air, y compris l'advection, la diffusion et les réactions chimiques.

En utilisant le jumeau numérique, ils ont étudié les changements possibles des niveaux de pollution de l'ozone dans différentes parties de l'Europe et de la Bulgarie en appliquant certains outils. Le modèle montre que les changements climatiques futurs entraîneront très souvent une augmentation des niveaux dangereux d'ozone dans de nombreux sites d'Europe et de Bulgarie pendant les périodes estivales. Le modèle Digital Air peut également être utilisé pour étudier d'autres niveaux de pollution potentiellement dangereux tels que les niveaux de pollution causés par les émissions de SO_2 et de NOx (Zlatev et Dimov, 2022).

1.2.3.   JN urbain durable

Riaz *et al.* (2022) ont proposé une structure éventuelle pour le développement, la mise en œuvre et l'application des jumeaux numériques dans la gestion de la résilience climatique en région côtière par la conceptualisation de la gestion des événements climatiques extrêmes à travers le système de jumeau numérique basé sur le SIG. Ils ont constaté qu'un jumeau numérique peut être créé en combinant les données de divers capteurs IoT et de l'intelligence artificielle avec un modèle de ville pour représenter une réplique numérique du monde réel (Riaz *et al.*, 2022).

Comme les villes sont responsables de 70 % des émissions de gaz à effet de serre, la maîtrise rapide des émissions de CO_2 passe nécessairement par les villes. À cet effet, Orozco-Messana *et al.* (2022) ont travaillé sur la modélisation des quartiers pour l'évaluation de la durabilité urbaine. Leur recherche porte sur la contextualisation et le développement d'une procédure de préparation d'un modèle numérique d'un quartier concernant un quartier périphérique de Valence, en Espagne. Ils développent un modèle numérique pour les voisinages qui est un moyen très efficace pour commencer l'évaluation de la durabilité. Ils ont utilisé une approche basée sur les informations cadastrales permettant l'inclusion de futurs projets BIM qui pourraient faciliter le développement d'un modèle numérique complet et précis comprenant l'histoire du bâtiment et de son entretien. L'historique des réglementations des bâtiments urbains est essentiel pour le développement des typologies de bâtiments et leur mise en œuvre par une base de données cohérente de toutes les solutions de construction requises pour les surfaces d'enveloppe et les éléments structurels (Orozco-Messana *et al.*, 2022).

Une autre étude sur la planification urbaine durable a été réalisée à Dublin, en Irlande, par Buckley *et al.*, en 2021. Ils ont travaillé à la conception d'un modèle de quartier résilient à la consommation d'énergie à l'aide d'un modèle énergétique de bâtiment urbain, afin d'examiner le potentiel de création d'un quartier à émission de carbone quasi nulle. Les modèles peuvent simuler la demande énergétique dans les paysages urbains et peuvent combiner de nouvelles approches pour gérer la consommation d'énergie et générer et partager l'énergie localement. Ce modèle permet de simuler la demande énergétique actuelle et future en fonction des prévisions de changement climatique (Buckley *et al.*, 2021).

En 2022, Savage *et al.* ont réalisé une étude sur l'intégration des systèmes énergétiques et des données climatiques à l'échelle nationale au Royaume-Uni. Ils ont développé un avatar global pour décrire les systèmes d'approvisionnement en gaz et les données climatiques du Royaume-Uni, et ont montré comment ces données peuvent servir dans le cadre d'un jumeau numérique à l'échelle nationale. Ils ont créé deux nouvelles ontologies pour représenter ces systèmes de manière sémantique. La première, OntoGasGrid, représente les systèmes de transmission du gaz et les infrastructures associées. La seconde, intitulée OntoClimateMeasurements, permet de représenter les liens entre le concept existant des zones de sortie spécifiées par l'office des statistiques nationales et les nouveaux concepts représentant les valeurs climatiques. Ces recherches démontrent le caractère universel de l'approche, tant en ce qui concerne les données spatiales et temporelles, qui peuvent être représentées sémantiquement et reliées dans le diagramme de connaissances, que la capacité des agents à combiner de nouvelles données, à les traiter et à interagir avec le monde réel (Savage *et al.*, 2022).

2.   Modèle numérique de l'étalement urbain

Les villes sont formées par l'expansion urbaine, la migration, la succession en fonction de leur géographie et de leur environnement naturel. En général, la croissance urbaine et surtout l'étalement urbain génèrent une artificialisation des terres et transforment les terres agricoles naturelles en habitations résidentielles. Un des facteurs efficaces de l'augmentation de l'érosion des sols et, par conséquent, de la dégradation de l'environnement et des terres est la croissance urbaine. C'est pourquoi le suivi et le contrôle de l'artificialisation des territoires représentent un défi important pour les autorités locales confrontées à des objectifs de développement durable (M. Eslahi, 2019).

L'urbanisation en tant que phénomène inévitable induit souvent des changements irréversibles et peut impressionner la biodiversité, les écosystèmes et le climat urbain et transformer les zones agricoles et naturelles. Le suivi et le contrôle des terres artificialisées représentent un défi important pour les autorités locales, qui doivent faire face à des objectifs transversaux de développement durable et constituent une demande sociétale urgente en matière d'environnement (Figure 1).

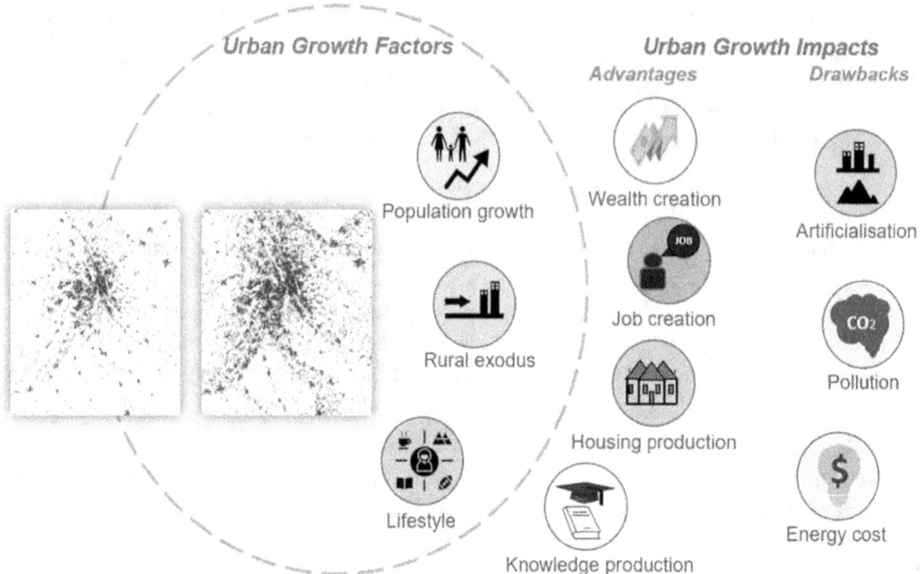

Figure 1. Les facteurs et les impacts de la croissance urbaine.

Dans le domaine de la croissance urbaine et de ses impacts environnementaux, différents projets ont été définis et/ou réalisés (Liu & Feng, 2016 ; Al-Darwish *et al.*, 2018 ; Liu *et al.*, 2022). À cet égard, il existe à l'ESTP Paris un groupe de recherche intitulé Systèmes numériques et géo-informatique. Cette équipe travaille sur la constructibilité, la géo-informatique et les systèmes urbains, notamment :

- la numérisation et la gestion des données ;
- réseaux et développement urbain ;
- jumeau numérique et prise de décision.

L'un des projets à l'ESTP concerne la simulation de la croissance urbaine afin de montrer les effets des contraintes constructives et environnementales sur l'étalement urbain. L'objectif de ce projet est de simuler divers scénarios d'urbanisation en 3D, afin d'améliorer la prise de décision des politiques publiques. Cette recherche utilise le SIG et le modèle numérique de croissance urbaine SLEUTH (projet Gigapolis, 2022) et intègre les données topographiques, le tissu urbain et les données démographiques, y compris les éléments géographiques et les contraintes environnementales.

Dans ce cadre, nous avons défini différents scénarios de croissance urbaine. Pour chaque scénario, on peut calculer la proportion de changement d'utilisation des sols, de l'état naturel à l'état urbanisé, ainsi que la surface de sols protégés considérés comme protection de l'environnement. Les simulations peuvent nous aider à trouver et à protéger certaines zones contre l'artificialisation et l'urbanisation. Le modèle SLEUTH nous permet de définir différentes valeurs et coefficients pour les cartes d'entrée d'utilisation des sols et celles d'exclusion. Il peut donner à l'utilisateur la possibilité de contrôler les changements d'utilisation des sols et orienter les lieux d'urbanisation au cours de la simulation. De plus, elles peuvent être utilisées pour réfléchir à l'urbanisation future et faire des choix sur les politiques urbaines en tenant compte des changements climatiques urbains (M. Eslahi *et al.*, 2019). Par exemple, la comparaison du niveau de consommation d'énergie ou des carbones produits dans différents scénarios de croissance urbaine dense et étalée peut donner aux décideurs une meilleure vision afin de prendre des décisions plus éclairées sur la planification urbaine à l'avenir.

2.1. Modèle SLEUTH pour la question environnementale

SLEUTH vient de l'acronyme de ses cartes d'entrée qui se composent de Slope, Land use, Excluded, Urban, Transportation et Hillshade. Ce modèle utilise les cartes historiques de l'utilisation des sols, de l'urbain et des transports pour calibrer la simulation (Figure 2).

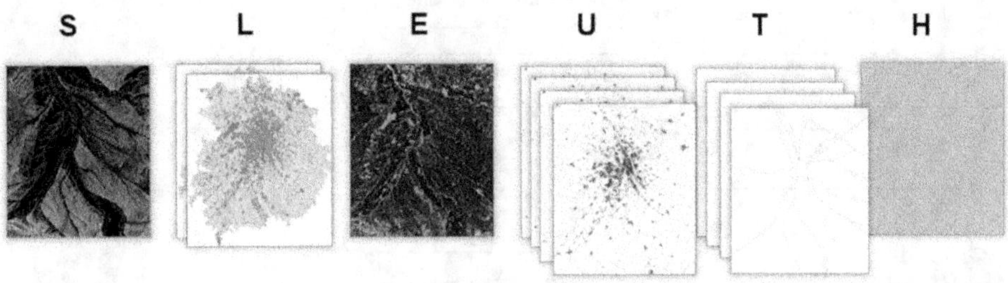

Figure 2. Cartes d'entrée de SLEUTH.

En général, SLEUTH est un modèle de simulation bien connu. En tant que modèle de simulation cellulaire automatisé (CA), SLEUTH est largement utilisé par les chercheurs et les urbanistes pour simuler l'étalement urbain en tant que système dynamique. (Clarke *et al.* 2007 ; Dietzel and Clarke, 2008 ; Guan and Clarke, 2010 ; Jantz *et al.*, 2010 ; Guan and Rowe, 2016 ; Eslahi *et al.* 2019 ; EL Meouche *et al.* 2020). Il est open source et accessible à tous les utilisateurs et intégré avec le SIG et le BIM/CIM (Project Gigalopolis, 2022).

Bien que le modèle SLEUTH soit largement utilisé, les changements dans les taux de croissance de la population ou les types de bâtiments ne sont pas inclus dans ses simulations. De plus, les résultats de ce modèle sont des données matricielles qui contiennent plusieurs pixels où l'urbanisation est prévue, ce qui n'est pas très cohérent du point de vue de l'urbanisation. Par conséquent, nous avons ici amélioré les résultats de SLEUTH en ajoutant plus de paramètres incluant les données topographiques.

Pour surmonter ces limites, deux nouvelles données, dont les types de bâtiments et la population, sont ajoutées au modèle, et différents scénarios d'étalement urbain sont définis en tant que scénarios de tissu urbain. De plus, pour atteindre les objectifs environnementaux, nous avons développé quelques modifications de ce modèle afin qu'il puisse prendre en compte les contraintes environnementales, telles que les cours d'eau, les zones végétalisées et les forêts, pour qu'il puisse les protéger pendant la simulation urbaine. La figure 3 illustre la procédure du modèle pour générer une géovisualisation 3D de la croissance urbaine. Nous avons défini les scénarios de tissu urbain en intégrant le type de bâtiments et la population sur les résultats SLEUTH. Nous avons classé les bâtiments existants dans les différentes catégories résidentielles, en considérant leur hauteur et leur configuration. Grâce aux informations démographiques extraites de l'INSEE, la croissance attendue de la population est estimée comme un autre paramètre d'intégration du modèle. Ensuite, les scénarios de tissu urbain sont définis afin de mieux comprendre comment une zone simulée peut être affectée et pour combien de résidents. Enfin, des représentations 3D des scénarios de tissu urbain sont fournies en tenant compte de certaines contraintes urbaines.

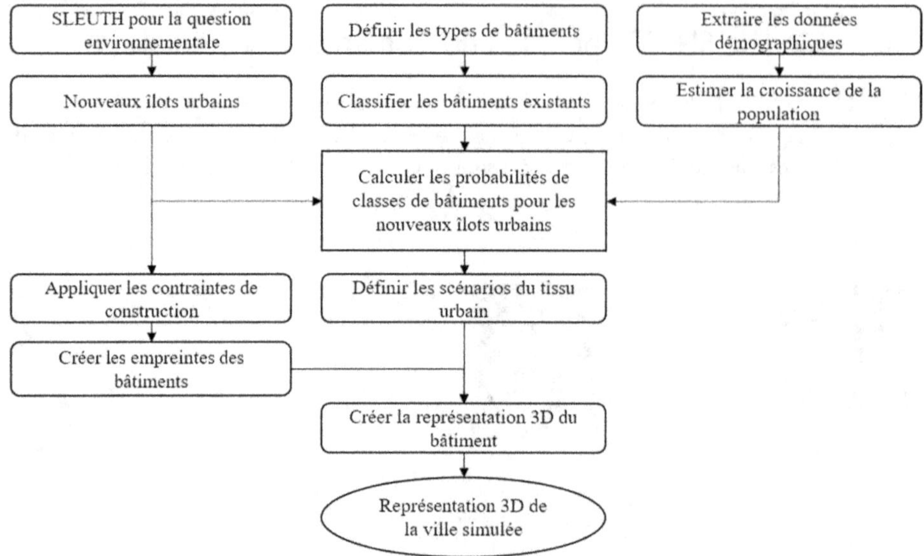

Figure 3. Procédure de génération d'une géovisualisation 3D de la croissance urbaine.

Nous avons utilisé des bases de données spatiales et des SIG pour créer les cartes d'entrée de SLEUTH. Les cartes d'entrée sont des données matricielles de 1 658 × 1 422 pixels, où une cellule est de 52 m × 52 m (~ 2 700 m²) sur le terrain. Pour cette recherche, nous avons créé des cartes de plans urbains, d'occupation des sols, d'exclusion et de transport, à partir des bases de données BD TOPO et BD ORTHO IGN (Institut national de l'information géographique et forestière). Les cartes de pentes et d'ombres sont calculées à partir du modèle numérique de terrain (MNT) de RGE ALTI avec une résolution spatiale de 5 m. Nous avons calculé le taux de croissance annuel composé de la population (obtenu à partir de la base de données de l'INSEE) et la population moyenne pour les années futures et avons défini la classification des bâtiments comme des paramètres supplémentaires à ajouter à SLEUTH pour obtenir des résultats plus fiables. Dans cette recherche, les données de 2000 à 2017 ont été utilisées pour entraîner le modèle et simuler la croissance urbaine prévue pour 2050.

Le développement du modèle basé sur le respect de l'environnement se réalise en modifiant les zones exclues sur les cartes d'entrée. La valeur des pixels d'une carte d'exclusion varie de 0 à 100. Ici, la couche d'exclusion des forêts ouvertes et des zones vertes a une valeur de 100, ce qui démontre une protection extrême des zones écologiques sensibles avec une probabilité de protection de 100 %, empêchant une croissance urbaine potentielle ou tout autre change-ment ; et les autres cellules ont pris la valeur de 50 dans l'algorithme de simulation. Les zones exclues sont illustrées dans la figure 4. Il faut préciser que toutes ces considérations sur les valeurs des pixels doivent également être appliquées lors de la calibration du modèle.

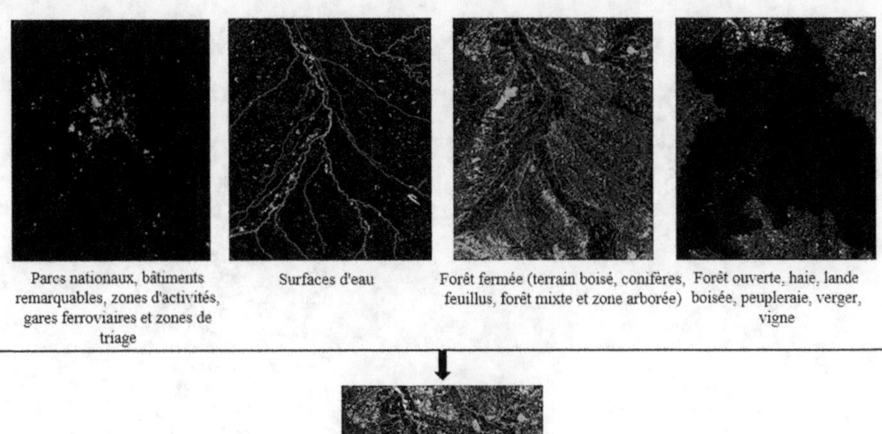

Parcs nationaux, bâtiments remarquables, zones d'activités, gares ferroviaires et zones de triage   Surfaces d'eau   Forêt fermée (terrain boisé, conifères, feuillus, forêt mixte et zone arborée)   Forêt ouverte, haie, lande boisée, peupleraie, verger, vigne

La carte d'exclusion

Figure 4. La carte d'exclusion de Toulouse.

Pour valider le modèle, il est d'abord lancé avec les cartes d'entrée de l'année 2000 pour obtenir la carte prospective de 2017 et, par conséquent, on évalue la précision du modèle par rapport à la carte urbaine réelle de 2017. Une recherche par force brute est utilisée pour énumérer systématiquement tous les pixels urbains afin de vérifier la qualité de l'ajustement des projections de croissance urbaine. Ensuite, nous avons appliqué la simulation de prévision de la croissance urbaine à 2050. Le tableau 1 représente les résultats de la croissance urbaine prospective simulée pour 2017 et 2050.

Tableau 1. Résultats simulés de la croissance urbaine, obtenus par différents scénarios pour 2017 et 2050 et comparaison des résultats avec la carte réelle de 2017, Toulouse.

Résultats				
Scénarios	Taux de croissance urbaine (%)	Augmentation de la zone urbaine (ha)	Superficie totale de la zone urbaine (ha)	Taux d'adéquation de la croissance (%)
Croissance urbaine pour la question environnementale 2017	25,24	11 658	46 186	82,3
Zone urbaine existante en 2017	24,40	11 79	46 287	100
Croissance urbaine pour la question environnementale 2050	37,04	27 236	73 523	–

La figure 5 montre la carte d'entrée urbaine de 2000 pour Toulouse et la carte prospective simulée pour 2050.

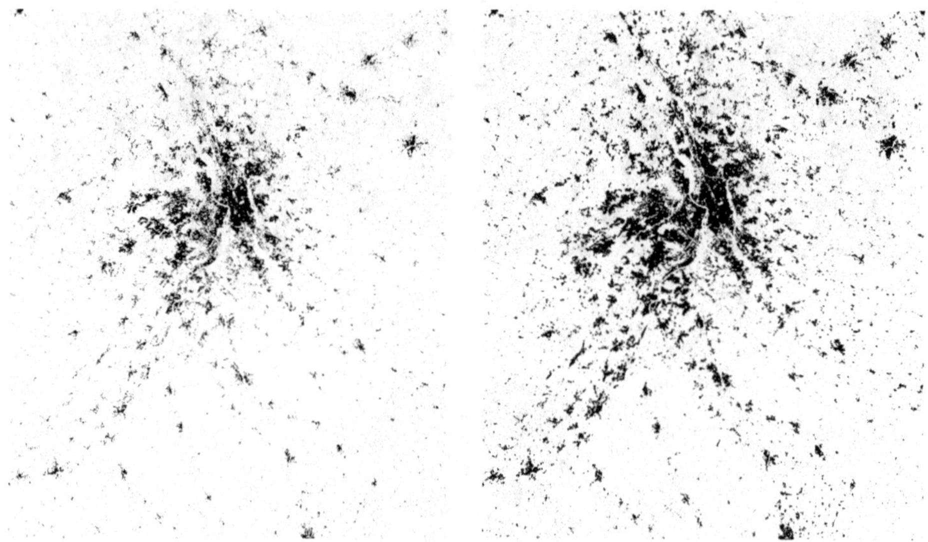

Figure 5. Comparaison visuelle de la carte d'entrée de SLEUTH
et de la carte de croissance urbaine prospective pour 2050, Toulouse.

Le taux de croissance annuel de la population montre une augmentation de 55 %, en considérant la population de 1,35 million d'habitants pour 2017. Ensuite, on définit quatre scénarios de tissu urbain différents, dont :

- urbain à faible densité : il considère que tous les nouveaux quartiers urbains sont remplis de logements individuels ;
- urbain à densité moyenne : il suppose que les logements individuels sont placés dans 50 % des nouveaux quartiers urbains simulés et les autres 50 % remplis par des logements de hauteur moyenne ;
- urbain à densité moyenne/haute : il prévoit 30 % de logements individuels et 70 % de logements de taille moyenne ;
- urbain à haute densité : il est défini pour accueillir uniquement des logements de taille moyenne.

Pour chaque scénario, on utilise les résultats de SLEUTH qui adaptent la population définie. La figure 6 montre le changement de la surface urbaine dans chaque cycle de croissance pour chaque scénario de la future expansion urbaine de Toulouse. Dans cette figure, la différence de croissance, et par conséquent la surface urbaine entre les scénarios les plus denses et les plus étalés, est montrée pour le même pourcentage de croissance de la population. L'axe horizontal montre les années de croissance et l'axe vertical montre la superficie de la zone urbaine.

On constate que, dans le scénario à densité faible (avec 33 cycles de croissance), la surface urbaine est de près de 250 km², alors que, dans le scénario à densité élevée, cette valeur est réduite à 100 km² (avec 13 cycles de croissance), tous les deux pour le même taux de croissance démographique en 2050 (33 années de croissance). Ici, les différences reflètent la perte de ressources naturelles et environnementales, qui ont un impact important sur le changement climatique. La figure 6 montre également que les changements et les améliorations que nous avons appliqués au modèle de base SLEUTH permettent de simuler la ville future pour la croissance démographique cible en changeant les scénarios et les années de croissance. Cela signifie que nous simulons la croissance urbaine de 2017 à 2050 en considérant 13 cycles de croissance au lieu de 33 cycles de croissance pour le scénario de forte densité. Cela montre que la modification des scénarios de tissu urbain a un impact très fort sur la limitation de l'étalement urbain, ce qui permet de préserver les zones agricoles et les espaces naturels.

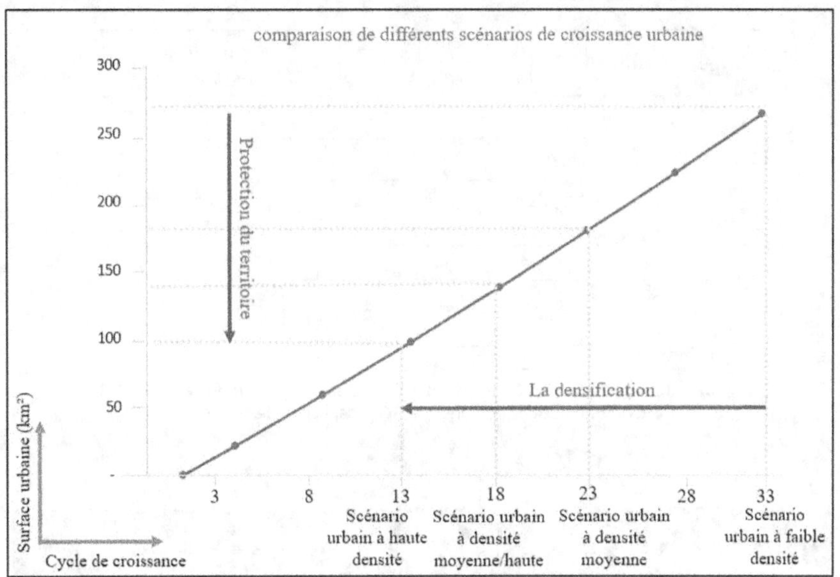

Figure 6 – Comparaison de différents scénarios de croissance par les scénarios du tissu urbain.

Compte tenu de ce que l'on a obtenu du modèle 2D et pour mieux comprendre les impacts de la densité urbaine dans un modèle de croissance urbaine, nous avons développé un modèle 3D pour mieux donner les résultats. Cette proposition primaire tente de passer du pixel à la représentation 3D d'un bâtiment en tenant compte de certaines contraintes de construction (Figure 7).

Pour visualiser le modèle 3D, nous avons d'abord créé le modèle numérique d'élévation (MNE) en utilisant les altitudes des données BD Topo (IGN). Les résultats sont affichés dans ArcGIS Pro en faisant une extrusion des différentes couches incluant les nouveaux bâtiments en utilisant la hauteur calculée. Nous utilisons un processus standard de rastérisation et d'interpolation 3D avec Arcgis et avons obtenu un MNT en système altimétrique IGN69. Nous utilisons l'outil « InterpolateShape » dans la section des éléments de surface (analyse 3D sur Arcgis) pour associer la troisième dimension aux nouveaux bâtiments (Figure 8).

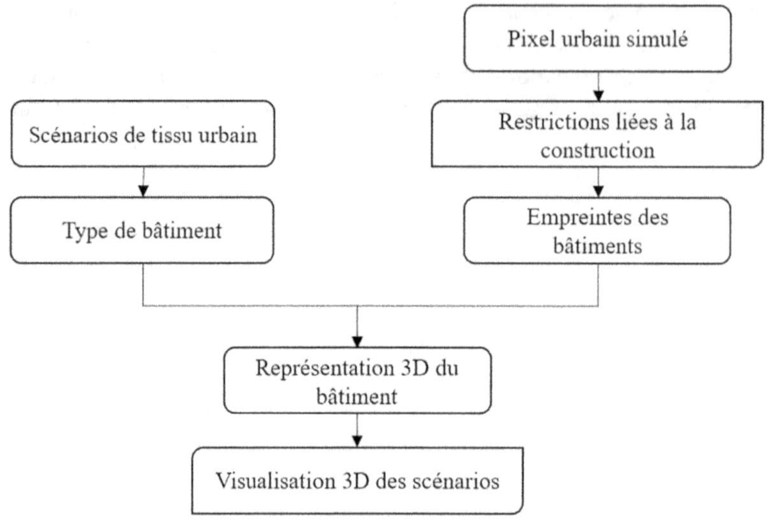

Figure 7. Modélisation numérique 3D des villes : du pixel à la représentation 3D d'un bâtiment et la maquette 3D prospective de la ville.

Figure 8. Visualisations 2D et 3D de la ville de demain réalisées sur ArcGIS Pro, Toulouse.

2.2.   La contribution du modèle développé au JN : perspectives

En dehors de l'effet des différents scénarios de tissu urbain sur l'environnement et des impacts des constructions et des contraintes environnementales sur l'étalement urbain, les scénarios de tissu urbain présentés dans cette recherche peuvent être utilisés dans d'autres applications. À cet égard, de nouveaux projets ont été lancés afin d'intégrer notre modèle dans le système JN pour répondre à différents problèmes.

L'un de ces projets, qui est en phase d'étude, concerne l'estimation de la consommation d'énergie dans différents scénarios de croissance urbaine, qu'il s'agisse d'une croissance urbaine dense ou étalée. Les estimations de la consommation d'énergie sont basées sur les classes de bâtiments, les zones résidentielles et la croissance de la population dans différents scénarios, qui peuvent être utilisés par les autorités pour le développement des villes futures. Dans ce projet, la consommation d'énergie est suivie sur un modèle urbain 3D, et le modèle JN peut avertir de changements imprévus au niveau de la consommation ou de la survenue de problèmes dans le modèle réel, tant du point de vue du distributeur que du consommateur.

Un autre projet dans la même phase est lié au taux de trafic, lequel sera estimé sur la base de scénarios de population et de tissu urbain. Ce projet vise à aider à calculer la pollution produite dans le cadre de différents scénarios de développement dense et étendu, et ainsi à affecter les questions climatiques.

À la suite de cette recherche et dans la même perspective, mais à petite échelle, nous avons lancé un projet de recherche qui concerne la structuration des données d'un jumeau numérique pour réconcilier les modèles réels et simulés pour le modèle énergétique d'un bâtiment. Le but de cette recherche consiste à analyser la manière dont un modèle de conception peut servir de source pour le modèle de données de mesure du bâtiment, pendant la phase de construction, et à proposer une méthodologie pour structurer les données afin de garantir la mise en phase des différents modèles et la continuité numérique pendant le cycle de vie du bâtiment. C'est une étude de cas qui concerne la gestion énergétique des bâtiments. Cela se fait dans le cadre de la chaire de recherche lancée par l'ESTP en collaboration avec Egis, Bouygues construction, Schneider Electric, le BRGM, SNCF Réseau et Arts et Métiers et intitulée « Jumeaux numériques pour la construction et les infrastructures dans leur environnement », au service de la décarbonation du secteur de la construction et de la transition écologique et énergétique.

3.   Conclusion

Aujourd'hui, le concept de jumeaux numériques s'est étendu aux grands systèmes tels que les bâtiments et les villes. Au-delà de la visualisation, un jumeau numérique peut accélérer l'innovation, créer un consensus et économiser du temps et de l'argent en modélisant de manière répétée les changements, en testant le fonctionnement des composants ou des systèmes et en dépannant les fonctions dans le monde virtuel. Dans cette recherche, nous avons étudié l'étalement urbain et son impact sur l'environnement qui est la première étape pour développer des jumeaux numériques de la construction et de l'infrastructure dans leur environnement, qui vise à répondre aux objectifs de performance énergétique et environnementale par des développements techniques et économiques en utilisant les modèles sémantiques, CIM, GIS, AI, etc.

Le modèle 3D et les scénarios définis visent à aider les urbanistes dans le cadre du développement urbain durable, ainsi qu'à mieux comprendre les résultats de la simulation et à faciliter l'interprétation des simulations SLEUTH. Ici, nous avons proposé un ensemble de différentes simulations liées aux différentes priorités et contraintes foncières. Les données spatiales prospectives, les tissus urbains et la démographie sont intégrés pour améliorer l'étalement urbain et pour obtenir des résultats de simulation de croissance urbaine plus fiables. En utilisant des données communes telles que les données topographiques, les bâtiments et la démographie, nous avons amélioré le réalisme de chaque simulation et leur adéquation avec le monde réel. Nous avons mis en cause les résultats des méthodes classiques de croissance urbaine qui ne prennent pas en compte les types de bâtiments et la population. Nous avons démontré que la croissance urbaine dépend largement de ces facteurs et que différents cycles de croissance pourraient donner des résultats similaires en modifiant les scénarios.

Il existe plusieurs applications qui traitent de la modélisation des jumeaux numériques pour les questions climatiques. Une réplique numérique axée sur l'adaptation au changement climatique fournira des capacités d'observation et de simulation pour confirmer les activités et les scénarios d'atténuation du changement climatique.

Actuellement, l'intégration de notre modèle à un JN est le sujet de nos activités. À cet égard, divers projets sont en cours d'étude et/ou de développement, notamment l'estimation de la consommation d'énergie dans des scénarios de croissance urbaine, l'estimation de la pollution due au trafic dans des scénarios de tissu urbain, et la simulation d'un JN pour le modèle énergétique des bâtiments. Tous ces projets visent à fournir les idées les plus claires sur l'environnement et le changement climatique.

Références

Al-Darwish, Y., Ayad, H., Taha, D., Saadallah, D. (2018). Predicting the future urban growth and it's impacts on the surrounding environment using urban simulation models: Case study of Ibb city – Yemen. Alexandria Engineering Journal. 57. 10.1016/j.aej.2017.10.009.

B. Béchet, Yves Le Bissonnais, Anne Ruas, Anne Aguilera, M. André, *et al.* (2017). Sols artificialisés et processus d'artificialisation des sols : déterminants, impacts et leviers d'action. [Rapport de recherche] INRA. 2017, pp.609. hal-01687919

Buckley, Niall, Gerald Mills, Samuel Letellier-Duchesne, and Khadija Benis. (2021). "Designing an Energy-Resilient Neighbourhood Using an Urban Building Energy Model" Energies 14, no. 15: 4445. https://doi.org/10.3390/en14154445

Clarke, K.C., Gazulis, N, Dietzel, C.K., and Goldstein, N.C., (2007). A decade of SLEUTHing: Lessons learned from applications of a cellular automaton land use change model. In: Fisher, P. (Ed.), Classics from IJGIS: Twenty Years of the International Journal of Geographical Information Systems and Science, Taylor and Francis, CRC. Boca Raton, FL, pp. 413-425.

Destination Earth (2022). Disponible sur : https://digital-strategy.ec.europa.eu/en/policies/destination-earth ; https://events.ecmwf.int/event/299/

Dietzel, C., Clarke, K. C., (2007). Toward Optimal Calibration of the SLEUTH Land Use Change Model. Transactions in GIS. 11, 29-45.

EL Meouche, R., Eslahi, M., Ruas, A., Sammuneh, M. (2020). From Pixels to 3D Representations of Buildings: A 3D Geo-visualization of Perspective Urban Respecting Some Urbanization Constraints. 199-207. 10.5220/0009408901990207.

Eslahi, M. (2019). Urban growth simulations in order to represent the impacts of constructions and environmental constraints on urban sprawl. Modelling and Simulation. Université Paris-Est, 2019. English. ⟨NNT: 2019PESC2063⟩. ⟨tel-02493929⟩.

Eslahi, M., El Meouche, R., and Ruas, A. (2019). Using building types and demographic data to improve our understanding and use of urban sprawl simulation, Proc. Int. Cartogr. Assoc., 2, 28, https://doi.org/10.5194/ica-proc-2-28-2019, 2019

Guan, C., Rowe, P. (2016). Should big cities grow? Scenario-based cellular automata urban growth modeling and policy applications. Journal of urban management. 5. 65-78. 10.1016/j.jum.2017.01.002.

Guan, Q., Clarke, K.C., (2010). A general-purpose parallel raster processing programming library test application using a geographic cellular automata model. Int J Geographical Inf. Sci. 24, 695 – 722.

ICE Group, (2022). Defining a Digital twins, https://www.ice.org.uk/news-and-insight/the-civil-engineer/april-2019/defining-the-digital-twin-7-essential-steps

Jantz, C. A., Goetz, S. J., Donato, D., Claggett, P., (2010). Designing and implementing a regional urban modeling system using the SLEUTH cellular urban model. Comput Environ Urban Syst. 34, 1–16.

Liu, X., Wei, M., Li, Z., Zeng, J. (2022). Multi-scenario simulation of urban growth boundaries with an ESP-FLUS model: A case study of the Min Delta region, China. Ecological Indicators. 135. 108538. 10.1016/j.ecolind.2022.108538.

Liu, Y., Yongjiu F. (2016). Simulating the Impact of Economic and Environmental Strategies on Future Urban Growth Scenarios in Ningbo, China. Sustainability 8, no. 10: 1045. https://doi.org/10.3390/su8101045

Orozco-Messana, J., Milagro I., Raimon C. (2021). Neighbourhood Modelling for Urban Sustainability Assessment Sustainability 13, no. 9: 4654. https://doi.org/10.3390/su13094654

Project Gigalopolis, SLEUTH, (2022). SLEUTH Open-source model: http://www.ncgia.ucsb.edu/projects/gig/Dnload/download.htm

Riaz, K., McAfee, M., Iulia Alina, A., Gharbia, S. (2022). Conceptualising the management of climate extreme events through the GIS-based digital twin system. 10.5194/egusphere-egu22-7343. https://doi.org/10.5194/egusphere-egu22-7343

Savage, T., Akroyd, J., Mosbach, S., Krdzavac, N., Hillman, M., & Kraft, M. (2022). Universal Digital Twin: Integration of national-scale energy systems and climate data. Data-Centric Engineering, 3, E23. doi:10.1017/dce.2022.22

Zahari, Z., Dimov, I. (2022). Using a Digital Twin to Study the Influence of Climatic Changes on High Ozone Levels in Bulgaria and Europe. Atmosphere 13, no. 6: 932. https://doi.org/10.3390/atmos13060932

Digital solution for planning and management of construction site operations: a proposal of BIM-based software architecture and methodology

Félix Blampain[1,2], Matthieu Bricogne[1], Benoît Eynard[1], Céline Bricogne[2], Sébastien Pinon[2]

[1] Université de technologie de Compiègne, Laboratoire Roberval, CS60319, 60203 Compiègne Cedex
{felix.blampain, matthieu.bricogne, benoit.eynard}@utc.fr

[2] Spie Batignolles, 92000 Nanterre
https://www.spiebatignolles.fr/

Résumé

L'industrie de la construction subit plusieurs changements en raison des évolutions des contextes socio-techniques et des bouleversements dans la gestion de projet induit par le BIM. Les usages du BIM sont principalement limités à la phase de conception et il est nécessaire de les déployer sur la phase d'exécution. Cela demande de gérer des données hétérogènes de manière dynamique pour accompagner la gestion des activités de chantier. Cet article présente une proposition conceptuelle d'un système d'information d'aide à la décision pour aider aux activités de planification. Une maquette BIM 4D sert de base de travail pour proposer des méthodes et processus constructifs. Les ingénieurs conçoivent ces propositions à l'aide d'indicateurs basés sur des connaissances métier, au travers d'une organisation coopérative du travail. Plusieurs modèles du système et une méthodologie de travail sont présentés.

Mots-clés

Building Information Modelling, Product Lifecycle Management, système d'information d'entreprise, gestion de la connaissance

Abstract

The construction industry is undergoing different changes as socio-technical contexts evolve and BIM is disrupting how to manage a project. BIM uses are mostly limited to the design phase and there is a need to deploy BIM on the construction phase. This requires managing heterogenous data dynamically to support site management operations. This paper presents a conceptual suggestion to create a decision support information system to help planning activities. A 4D digital mock-up serves as a work base to suggest construction method and processes. Engineers design these suggestions thanks to different knowledge-based indicators through a cooperative workflow. Several models of the system and a work methodology are presented.

Keywords

Building Information Modelling, Product Lifecycle Management, Enterprise Information System, Knowledge Management

1.   Introduction

The construction industry changes as new processes, methods, and tools are developed. Building Information Modelling (BIM) is at the centre of these changes since digital applications are transforming how to design, manage, and monitor a construction project. This digital transformation is comparable to what happened in the manufacturing fields in the 1990s with the advent of Product Lifecycle Management (PLM) (Boton *et al.*, 2018). Nowadays, manufacturing and construction industries are shifting towards data-centred engineering practices to tackle industry 4.0 issues (Meski *et al.*, 2019; Zhang *et al.*, 2022). Contrary to PLM, BIM is not fully deployed on the entire lifecycle of a building, and there is a gap between the design phase and construction phase (Bolshakova *et al.*, 2018). PLM can inspire BIM development (Aram & Eastman, 2013) and notably BIM applications for site operations management (Jupp, 2013). This digital shift generates lots of data that are seen as a new resource for companies. Managing them is becoming an important task which forces companies to develop dedicated infrastructures and methods (Lapalme *et al.*, 2016). This gives rise to knowledge management practices (Assouroko *et al.*, 2014).

This paper presents a conceptual proposition for a knowledge-based decision support system dedicated to site operation management. It supports process-engineering practices that study how to implement building parts, produce construction schemes, and chose the resources needed. We develop this system with a product-process-resource perspective stemming from a PLM and BIM point-of-view.

The first section presents a state-of-the-art review of PLM and BIM interaction, BIM practices for site operation management, and new production practices derived from the manufacturing fields that can rely on a PLM and knowledge-based approach. The second section presents the research issue. The third section presents the conceptual details of the system we propose. The final section concludes by presenting future work that will follow this paper.

2. State of the art

2.1. PLM as an inspiration for BIM development and implementation

BIM can be a leverage to face the challenges currently disrupting the construction industry. It represents a technological shift from typical practices as it changes the way professionals organise themselves to design, build, and operate a building. BIM needs to be deployed throughout the lifecycle of a structure to be fully effective (Sacks *et al.*, 2018). The main challenge is how to deal with data and information usually associated with technical documentation. BIM development can draw inspiration from other industrial fields which are facing similar issues. Manufacturing sectors created Product Lifecycle Management (PLM) starting from the 1990s to manage a product technical data (Saaksvuori & Immonen, 2008). Nowadays, PLM is defined as holistic business strategy to manage jointly a product and its documentation during their entire lifecycle (Terzi *et al.*, 2010). PLM can be a source of inspiration to develop BIM (Aram & Eastman, 2013) but no consensus has been reached on how to do so (Mangialardi *et al.*, 2017). Drawing on PLM practices could result in a master plan to apply BIM practices from the beginning to the end of life of a building, resulting in a dedicated strategy called Building Lifecycle Management (Bricogne *et al.*, 2011; Mangialardi *et al.*, 2017).

2.1.1. Data management

A BIM digital mock-up is object-oriented, meaning that a building is represented by its elementary components and their associated data (Sacks *et al.*, 2018). These components can be classified according to different formats serving one or several purposes (Boton *et al.*, 2018). The most common format is Industry Foundation Classes (IFC) which can cover most of a building lifecycle and was developed to ease file exchange (Mendes de Farias *et al.*, 2018; Vanlande *et al.*, 2008). Every classification format relies on the same principle: elementary components are grouped into families and sub-groups, and their level of development (LOD) vary according to the lifecycle stage. Components can also be defined by their relationships: e.g. windows are inside a wall. The classification obtained is called a Product Breakdown Structure (PBS) (Boton *et al.*, 2018).

PBS are comparable to bill-of-materials (BOM) used in PLM applications to describe a product. BOM list the elementary components, and their quantities, of a product at a specific lifecycle stage: e.g. engineering BOM (eBOM) and manufacturing BOM (mBOM) are respectively the "as designed" and "as planned" description of a product (Pinquié *et al.*, 2015). The sum of all BOM makes a Product Structure (PS). Each component in the PS is defined by its relations to the others, its data, and its metadata. All this information gives a more dynamic and global view of the product, compared to the PBS which only shows a fixed hierarchical description of a building (Boton *et al.*, 2016).

PBS could be improved by manipulating more precisely IFC data to develop a product description similar to a PS. Professionals can currently exchange parts of IFC files representing task-related views of a building: e.g. structural-view or plumbing-view for design applications. These views, called model views, filter the whole model to show the needed data, and are defined by a Model View Definition (MVD) (Sacks *et al.*, 2018). Sets of model views could be compared to sets of BOM. Yet, model views management is tedious as a new file needs to be created for every model update and there is no link between the IFC files of a project (Beetz *et al.*, 2009; Mendes de Farias *et al.*, 2018). Model view management and IFC management can be improved by managing their data with semantic web technologies (Beetz *et al.*, 2009; Sacks *et al.*, 2018). Thanks to this approach, users switch from a file-centred management to a data-centred management of the project as only one file is needed to deal with BIM data and model views can be extracted and updated from this unique file (Beetz *et al.*, 2009). This data management approach also allows to easily develop new BIM objects to better represent the building and new types of interfaces with information systems which is lacking in the present IFC data structure: e.g. construction machineries or Enterprise Resource Planning (Ruiz-Zafra *et al.*, 2022).

Improving a project data flow would improve processes and communication between stakeholders. Data exchange need structuring like any other activities but there is no consensus on how to standardise this process. Stakeholders have different requirements concerning data management which could impact the overall project management. Data structuring and data exchange have to be integrated into requirement engineering practices to ensure a common ground for work.

2.1.2. Requirement management as a framework for data management

There is no effective way to link a digital mock-up (DMU) with the project requirements (Bérard & Boton, 2018). This hinders the project management since managing the mock-up LOD is a difficult task. The difficulty origin could be threefold: (1) project requirements definition lacks formalism (Mauger, 2014), (2) BIM uses definition lacks consensus among stakeholders (Jupp, 2013), (3) design and technical agreements are cumbersome to reach (Bensahaila *et al.*, 2021; Motamedi *et al.*, 2018). Requirements management could benefit from a PS-management approach as requirements and their LODs could be managed like elementary components of a project. Doing so would improve the data continuum of the DMU during its lifecycle (Assouroko *et al.*, 2014; Bosch-Mauchand *et al.*, 2013). Stakeholders need a cross-functional cooperation to ensure a joint management of the requirements and the DMU. This can be done by developing a process-centred and a data-centred point of view of the project (Aram & Eastman, 2013; Eynard *et al.*, 2004; Jarratt *et al.*, 2011).

Requirements are a key part to frame project management practices, drive design choices, and restructure construction activities within a BIM strategy. The lack of consensus on BIM uses could also be attributed to the uniqueness of the product (Boton *et al.*, 2018). Stakeholders adapt to this difficulty by relying on their experience. They put their knowledge to use on new project to design dedicated solutions. Working group knowledge could be recorded and reused from one activity to another to create a working base for everyone. Retrospect studies of the DMUs or project documents could inform how to act in context similar from one project to another.

2.1.3. Knowledge management as a key building block of enterprise information system

Project complexity and technical constraints are increasing as standards are evolving and clients are creating new types of demands. To face these challenges, companies are developing knowledge management skills to better grasp their processes and to create products with added-value (Bosch-Mauchand *et al.*, 2013). Knowledge management relies on recording, sharing, and reusing data and documentation from one task to another (Assouroko *et al.*, 2014). This can be done by linking enterprise information system together with a PLM application and by organising stakeholders and workflow accordingly to support this strategy (Bosch-Mauchand *et al.*, 2013). Mapping and structuring data and work processes falls into the enterprise architecture field of study which focus on understanding the behaviour of socio-technical organisations (Lapalme *et al.*, 2016). This discipline also studies enterprise information systems (e.g. ERP, PLM) to develop applications suited to industrials contexts, deal with information integration between all systems, and organise human-in-the-loop interactions in this knowledge management strategy (Romero & Vernadat, 2016). From a conceptual point of view, an enterprise information system (EIS) can also be described as a socio-technical organisation composed of physical components (e.g. people, hardware, etc.), processes (e.g. workflow, planning, etc.), and information (i.e. data processed by the physical components). From a technical point-of-view an EIS is a group of softwares organised to support and manage one or several processes (e.g. supply chain, human resources, accounting, etc.) (Rashid *et al.*, 2002).

One of the most famous models of enterprise architecture is the Zachman framework, defined as an "enterprise ontology" (Lapalme *et al.*, 2016). This framework is also used to develop enterprise information system as it helps to describe a socio-technical system and its processes from different points of view (e.g. business management, technician, etc.) and according to structuring questions (e.g. how, when, etc.) that support any engineering work. Points of views and questions are combined to model specific views and features of the system. Analysing the models altogether give a theorical complete view of the system (Lapalme *et al.*, 2016).

Historically, EIS are dedicated to product information management, resources management, and quality management. Now, as several EIS coexist and deal with different activities, there is a need to interface them to create a digital thread. Doing so would support workflow management between all services of a company and between collaborating companies, as well as data management throughout a project lifecycle. It would also help develop industry 4.0 applications based on digital interactions (Romero & Vernadat, 2016).

Knowledge management practices could be combined with BIM practices to develop new workflow, design solution, and production activities. Stakeholders are gradually considering data, information, and knowledge as new resources to exploit. Putting them to use could improve BIM practices. From this improved BIM practice stakeholders can reshape other engineering activities and deploy BIM further on a building lifecycle.

2.2.   4D BIM and site management

2.2.1.   What is 4D BIM?

Planning is an important activity to ensure a smooth-running construction phase. So is progress monitoring. Many management methods exist but are being criticized for many reasons and are reaching their limits (Sriprasert & Dawood, 2002). BIM could be a way to reshape site operation management. Management techniques need to be reshaped around this new approach, from a site management point of view and from a global project management point of view (Bensahaila *et al.*, 2021; Koskela, 2000).

BIM uses are categorised in different groups named "dimensions" and noted nD. 3D BIM is the visual rendering of the DMU, 4D is the time management of the structure under construction, 5D is the cost estimating of the structure, 6D is the lifecycle assessment of the structure, and 7D is the overall facility management. Dimensions can be considered separately but each new dimension supposedly includes the previous ranks into itself (Sacks *et al.*, 2018). In the present paper, we focus on 4D BIM as it is the basis of the research issue. Other dimensions will be considered in future work under development.

2.2.2.   4D BIM present and future trends

A 4D DMU is created by linking the 3D view of the building with a temporal view (Sacks *et al.*, 2018). Contractors have to manage the LOD of the 3D DMU and the LOD of the schedule, both being decoupled (Boton *et al.*, 2015). The goal is to separate operation management and optimisation from the sole workers' experiences. Many uses of 4D BIM have been identified and described in literature. They mostly focus on predictive analysis because it is the main shortcoming of classical management methods (Guerriero *et al.*, 2017; Sacks *et al.*, 2018). These uses require a different workflow and more cooperation between stakeholders to be fully effective (Dashti *et al.*, 2021).

A typical 4D BIM DMU represents a structure in a unique way, but depending on the stakeholder, the activities or the building part, the information needed is not the same and should not be presented in the same way (Isaac & Shimanovich, 2021). Researchers are currently working on this limiting factor. A product-processes-resources point of view is developed to dynamically create specific views of the DMU (Dashti *et al.*, 2021; Isaac & Shimanovich, 2021). The DMU becomes a simulation tool that helps site managers in their work and prepare for activities sequences and anticipate hazards (Dashti *et al.*, 2021).

4D BIM applications are currently limited to the academic world. For diverse reasons professionals have not implemented this technology in their practices (Bolshakova *et al.*, 2018). To be more interesting to professionals, a 4D BIM DMU should incorporate more heterogeneous data and meta-data about construction activities (Bolshakova *et al.*, 2018; Mäki & Kerosuo, 2015). This data management can be reshaped by going beyond a BIM approach and drawing inspiration from other project management practices such as model-based project management (Whyte *et al.*, 2016). The goal is again to manage and present data in specific views dedicated to tasks and processes.

With 4D BIM applications professionals have the opportunity to transform site management activities. This would, in turn, impact project management activities in the beginning of life of the building. Changing management processes is a way to modify building practices.

Another way would be to modify how building parts are designed and produced thanks to a dedicated BIM strategy and new production systems.

2.3. Process-engineering and planning of construction operations

2.3.1. Changing the means of production

New construction methods are getting interest nowadays. Some rely on existing technology while others use new types of machines. All focus on producing sub-parts of a building that are later assembled to build the whole building. A first technique consists in assembling sub-system of a building (e.g. HVAC, structure, etc.) (Li *et al.*, 2010). Another technique consists in producing entire room of a building, called module, which are put in place like LEGO blocks (Wuni & Shen, 2020). A last approach consists in 3D printing pieces of the building by using diverse materials to create structural, technical, or architectural pieces (Paolini *et al.*, 2019). Through all these techniques a building can be seen as a kit to assemble which give designers and contractors the opportunity to rethink how each system can be designed and produce (Li *et al.*, 2010; O'Connor *et al.*, 2014). Contractors can choose to combine these approaches with traditional methods to build a product. Inspiration can also be drawn from the manufacturing industry do develop assembly lines or use robots to help workers in their tasks (Anane *et al.*, 2022).

2.3.2. Reshaping site operation and the production line

The construction industry has seen little change in its practices in the last 20 to 30 years: construction methods and project management practices have not evolved significantly (Koskela, 2000; Sriprasert & Dawood, 2002) which impacts the overall productivity of the industry. Compared to other industrial fields, the construction productivity is slower (Eastman & Sacks, 2008). There is a need to rethink how to produce a building and how to manage construction operations. This is also an opportunity to tackle other typical issues of construction site. Two major concerns of site management are workers safety and waste management (Goodier & Gibb, 2007; Jaillon *et al.*, 2009). A solution to these issues could be off-site construction. Transferring some activities in a controlled environment like a workshop ease the implementation of quality and security measures while improving resources management (Hsieh, 1997; Won & Cheng, 2017).

Off-site activities cannot be managed like on-site activities. Design, procurement, and construction processes need to be remodelled to support the new supply chain organisation and the project management practices (Li *et al.*, 2010). These new processes and organisation can draw inspiration from manufacturing methods and be developed and implemented thanks to a BIM strategy (Banihashemi *et al.*, 2018).

2.3.3. Reshaping project management

Off-site practices force contractor companies to organise their work differently to manage production sequences, supply chain and effectively link off-site and on-site work. Issues arising during construction phase are often linked to design problems and information loss. A BIM-based design strategy can then be created to tackle construction issues early on (Jaillon & Poon, 2014). Many design strategies exist and rely on a multidisciplinary organisation to account for every stakeholder needs (Demoly *et al.*, 2011). Digital mock-up are key elements to anticipate issues of productions because they are the common ground for exchanging information and communicating between stakeholders (Bricogne *et al.*, 2015; Demoly *et al.*, 2011).

Producing building parts in a workshop and assembling them on-site changes the typical supply chain of a construction site, and thus its management strategy. Critical success factors have been identified in literature (O'Connor *et al.*, 2014; Shang *et al.*, 2020; Wuni & Shen, 2020). Production must be planned with a product-process-resource perspective from the design stage to account for production constraints such as machining limitation or procurement time. Stakeholder must settle earlier for a solution to ensure a smooth change management process from design to production (O'Connor *et al.*, 2014). A dedicated project management strategy must be implemented to organise the workflow (Shang *et al.*, 2020).

3.   Research issue

We showed in the state-of-the-art section that the construction industry is undergoing different transformations at once. BIM solutions, practices, and processes reshape how professionals manage and produce a building. There are still challenges, however when implementing BIM for site management activities. Engineering and project management practices realign themselves towards process and data-centred activities, and companies develop knowledge management strategies to face new industrial challenges. There is an opportunity to develop knowledge-based BIM applications for planning and management of site operations to help professionals with their work, while also providing insights for creating new building solutions.

The present paper is part of a larger research work to study BIM application for site operations. Here we focus on describing a methodology proposal which will be developed in future works. The work is structured around the following research question: how can we suggest a solution for construction planning by managing a 4D BIM DMU and enterprise knowledge? We define construction planning as scheduling and sequencing site activities in space and time with a product-process-resources point of view, while taking into account other indicators, e.g. safety standards, budget, or environmental impacts (Sacks *et al.*, 2018).

We suggest creating an information system, as defined by Lapalme *et al.* (2016), to put in coherence a project information and an enterprise knowledge. The result would be decision support system to help building contractors to engineer their planning activities.

4.   Research methodology

We follow the development approach suggested by Romero & Vernadat (2016) to model business processes and implement an enterprise information system: (1) study the business context and define the function of the system; (2) model the business processes revolving around the system; (3) conduct a detailed functional analysis of the system; (4) develop the system using an object-oriented language.

In step (1) we put in coherence the business context with the state-of-the-art review developed in the present paper and in (Blampain *et al.*, 2022). This work is conducted jointly with the French general contractor Spie Batignolles which provides first hand business data. We study the business context with semi-structured interviews of experts of the company i.e., BIM manager, general foreman, site foreman, process engineer, and project manager. Developing a decision support system is seen as an opportunity to reshape workflow and project organisation and improve productivity.

In step (2) business processes are modelled thanks to the information gathered in step (1) and with feedback loops from the interviewees. We first model the current system to better understand it and identify its shortcomings. figure 1 shows the as-is system modelled according to IDEFØ and UML rules. It depicts the as-is process workflow from a macroscopic point of view. It is composed of three sub-functions: (a) the contractor receives the as-designed DMU of the project, along with other information about the project. The BIM DMU is enriched to create the process view that process engineers will use to carry their work; (b) process engineers and industrial designers use this DMU to design a construction method based on their own experience and other information; (c) schedules, drawings, resources list are extracted from the DMU and sent to the construction site team. As an extra-step, we consider the gradual creation of the as-built records. We also represent the as-is system as a use case UML diagram in figure 2. The figure shows that the general foreman is at the centre of the system to coordinate work in the design office and on the construction site. The general foreman manages site operations and is supported by engineering teams in the office who develop construction processes, plan operations, and purchase resources while maintaining true to the budget and delays. The client is also included in the system as they assess the work done to ensure completion of the project. On site the work is carried by workers and subcontractors who receive orders from the general foreman and the site foreman. According to Spie Batignolles experts, socio-technical changes are putting an increasing stress on general foremen because they play a key role in planning and managing site operations. They are the link between the design office and the construction site and are expected to deal with unresolved design issue while managing ongoing operations and testing new technological applications. This situation could be partly explained by the work organisation as shown in figure 1. Process design is a one-way activity, from the design office to the construction team. The construction team is expected to build according to the documents given by the office. Design issues often come out during construction operations and construction teams are expected to resolve them.

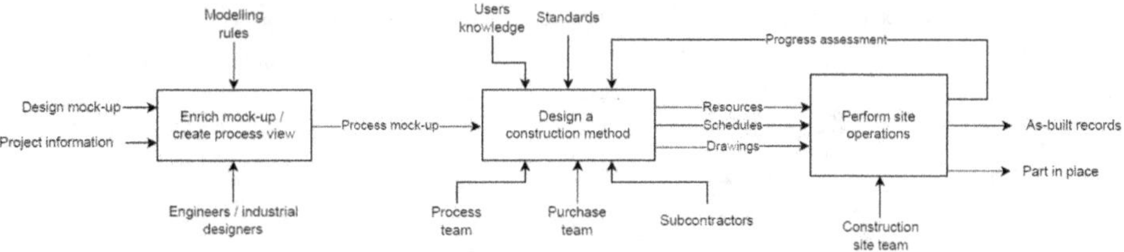

Figure 1. Process modelling of the as-is system (IDEFØ diagram) (Blampain *et al.*, 2022)

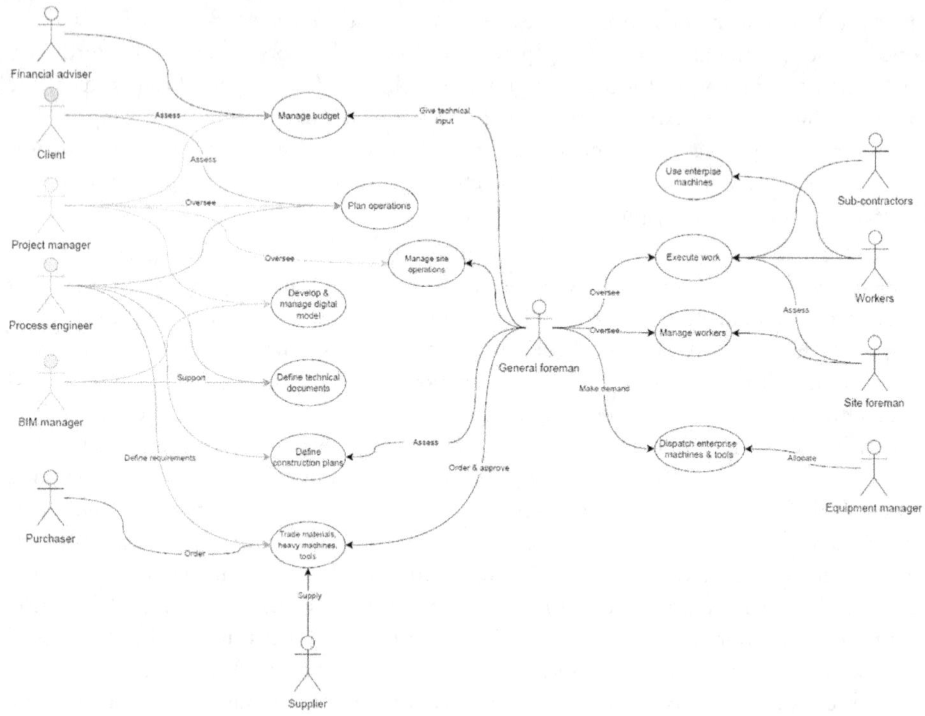

Figure 2. Site management as a use case of as-is system
(UML diagram) (Blampain et al., 2022).

Based on figure 1 and figure 2, we specify the new process system, shown in figure 3. It represents a hypothetical workflow that rely on the to-be-developed system. The system can be decomposed in four sub-functions: (a) the contractor receives the as-designed DMU of the project, along with other information about the project. The DMU is enriched to create the process view that process engineers will use to carry their work. The resulting DMU is called "Process DMU"; (b) process engineers and industrial designers use the Process DMU to suggest a construction method based on the enterprise knowledge and other documents; (c) the result is a 4D DMU, sent to purchase and production teams that will assess it, the client may also assess it if needed; (d) if the suggestion is a no-go we go back to step (3), if the suggestion is a go, production teams use the information contained in the DMU to carry their work. As an extra step, we consider the gradual creation of the as-built DMU.

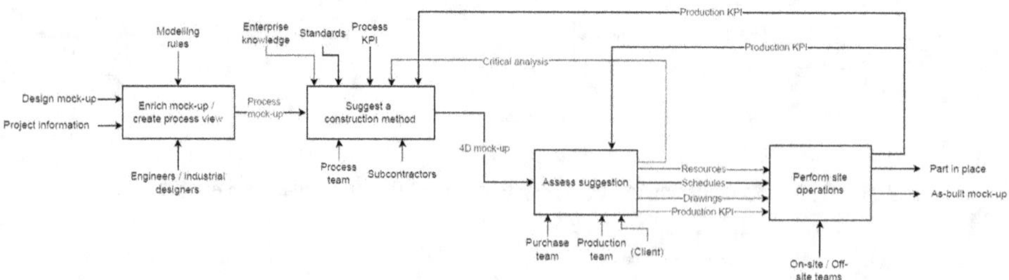

Figure 3. Process modelling of the proposed system (IDEFØ diagram) (Blampain *et al.*, 2022)

In step (3), we present figure 3 to the experts interviewed in step (1) to refine the model. We carry a detailed functional analysis with the help of the same experts to further describe the information system from a process and function point of view. This step can be supported with insights from scientific literature. Figure 4 depicts a first draft of the software functions of the system and their interactions. The digital mock-up management and planning function play key roles in this system because they produce the main outputs. Communication and synchronous work functions ensure a seamless workflow between all stakeholders. Together with resources and financial management functions, all these features represent the exhibition of the contractor BIM strategy. These functions are controlled by external information such as the enterprise knowledge-management data base and interfaces with other EIS such as the ERP. All the functions converge into the site operation progress management function that represent the work done on-site. A new work organisation is needed to use this system. A new stakeholder relationship system will be devised and tested with the system. This new organisation will be developed based on the models of figure 2 and figure 3. It will be designed so as to dived work activities more equally between the design office teams and construction site team. The main goal is to change the general foreman work to reshape it into a production-oriented work.

In step (4), we use the detailed functional analysis to develop a prototype of the system. We then test it on uses cases. During the software development, construction projects will be selected with Spie Batignolles in order to brief the project teams beforehand and make the preparation work.

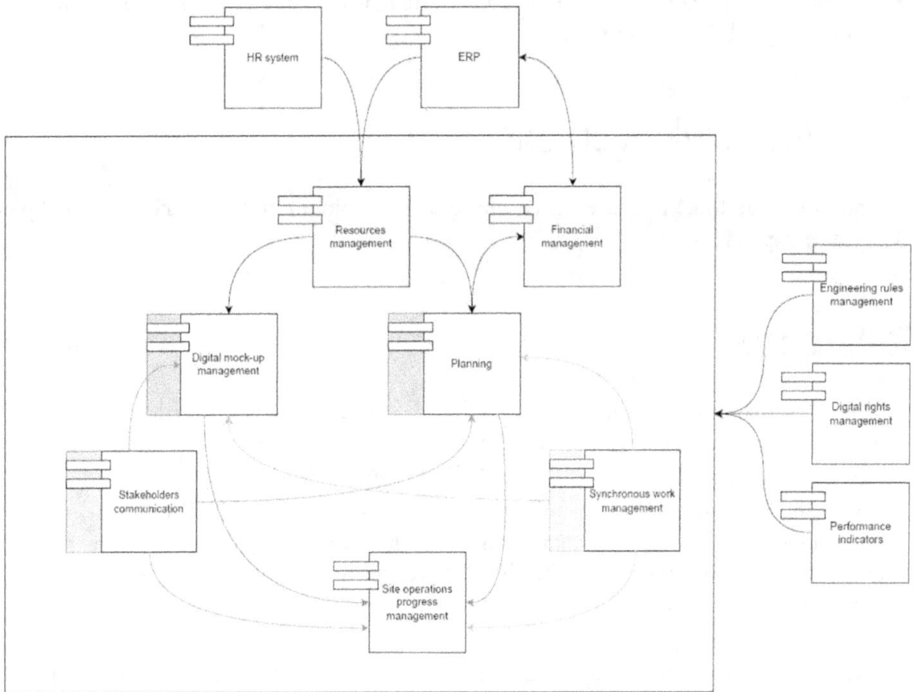

Figure 4. Proposed information system components for site planning
(UML diagram) (Blampain *et al.*, 2022).

5.   Conclusion and future work

The construction industry is changing and faces new challenges, engineering practices must adapt to different context and deal with new constraints. There is a need to transform project management practices to include BIM at a greater level, most notably during the construction phase. BIM gives the opportunity to professionals to rethink how to design, build, and operate a building through data and knowledge-based processes. 4D BIM allows to rethink how building parts are built and how production workflow and supply chain are organised.

This paper has presented a conceptual description for a decision support system designed to help general contractor in their work to dynamically plan construction and site operations. The digital solution architecture and associated methodology are based on 4D BIM principles and use knowledge-based practices to design building solution through collaborative work between process engineers, purchasers, suppliers, and site managers. The future work will be dedicated to developing the detailed modelling of the system based on our current drafts.

The digital solution only focuses on 4D BIM issues, but we could account for more parameters such as financial characteristics of the project or its environmental impacts. These other BIM dimensions will be investigated to include new input data and develop specific indicators for stakeholders. This digital solution imposes to reshape project management practices through new workflow. Different management methods will be investigated to support the digital and IT development.

We ambition to develop an industrial use case that will be tested with the help of Spie Batignolles on to-be-selected projects.

6.   Acknowledgement

The authors would like to express their gratitude to the input and feedback given by Spie Batignolles experts.

References

Anane, W., Iordanova, I., & Ouellet-Plamondon, C. (2022). Modular Robotic Prefabrication of Discrete Aggregations Driven by BIM and Computational Design. Procedia Computer Science, 200, 1103-1112. https://doi.org/10.1016/j.procs.2022.01.310

Aram, S., & Eastman, C. (2013). Integration of PLM Solutions and BIM Systems for the AEC Industry. 30th International Symposium on Automation and Robotics in Construction and Mining; Held in conjunction with the 23rd World Mining Congress, Montreal, Canada. https://doi.org/10.22260/ISARC2013/0115

Assouroko, I., Ducellier, G., Boutinaud, P., & Eynard, B. (2014). Knowledge management and reuse in collaborative product development – A semantic relationship management-based approach. International Journal of Product Lifecycle Management, 7(1), 54-74. https://doi.org/10.1504/IJPLM.2014.065460

Banihashemi, S., Tabadkani, A., & Hosseini, M. R. (2018). Integration of parametric design into modular coordination: A construction waste reduction workflow. Automation in Construction, 88, 1-12. https://doi.org/10.1016/j.autcon.2017.12.026

Beetz, J., van Leeuwen, J., & de Vries, B. (2009). IfcOWL: A case of transforming EXPRESS schemas into ontologies. Artificial Intelligence for Engineering Design, Analysis and Manufacturing, 23(1), 89-101. https://doi.org/10.1017/S0890060409000122

Bensahaila, R., Doukari, O., Motamedi, A., & Merkoune, D. (2021). Suivi et contrôle de l'avancement des travaux en BIM 4D. REX et cas d'étude du Projet Nanterre 2 CESI. 19.

Bérard, J., & Boton, C. (2018). Integrating Construction Specifications and Building Information Modeling. In Y. Luo (Éd.), Cooperative Design, Visualization, and Engineering (Vol. 11151, p. 86-93). Springer International Publishing. https://doi.org/10.1007/978-3-030-00560-3_12

Blampain, F., Bricogne, M., Eynard, B., Bricogne, C., & Pinon, S. (2022). Digital thread and building lifecycle management for industrialisation of construction operations A state-of-the-art review. International Joint Conference on Mechanics, design engineering and advance manufacturing. JCM 2022, Ischia (italy).

Bolshakova, V., Guerriero, A., & Halin, G. (2018). Identification of relevant project documents to 4D BIM uses for a synchronous collaborative decision support. Creative Construction Conference 2018 – Proceedings, 1036-1043. https://doi.org/10.3311/CCC2018-134

Bosch-Mauchand, M., Belkadi, F., Bricogne, M., & Eynard, B. (2013). Knowledge-based assessment of manufacturing process performance: Integration of product lifecycle management and value-chain simulation approaches. International Journal of Computer Integrated Manufacturing, 26(5), 453-473. https://doi.org/10.1080/0951192X.2012.731611

Boton, C., Kubicki, S., & Halin, G. (2015). The Challenge of Level of Development in 4D/BIM Simulation Across AEC Project Lifecyle. A Case Study. Procedia Engineering, 123, 59-67. https://doi.org/10.1016/j.proeng.2015.10.058

Boton, C., Rivest, L., Forgues, D., & Jupp, J. (2016). Comparing PLM and BIM from the Product Structure Standpoint. In R. Harik, L. Rivest, A. Bernard, B. Eynard, & A. Bouras (Éds.), Product Lifecycle Management for Digital Transformation of Industries (Vol. 492, p. 443-453). Springer International Publishing. https://doi.org/10.1007/978-3-319-54660-5_40

Boton, C., Rivest, L., Forgues, D., & Jupp, J. R. (2018). Comparison of shipbuilding and construction industries from the product structure standpoint, *Int. J. PLM*, vol. 11, n° 3, p. 199219, 2018.

Bricogne, M., Eynard, B., Troussier, N., Antaluca, E., & Ducellier, G. (2011). Building lifecycle management: Overview of technology challenges and stakeholders. IET International Conference on Smart and Sustainable City (ICSSC 2011), 47-47. https://doi.org/10.1049/cp.2011.0284

Bricogne, M., Wenhua Zhu, Wanggen Wan, Eynard, B., & Remy, S. (2015). Framework for Information Modeling of an Integrated Building. 2015 International Conference on Smart and Sustainable City and Big Data (ICSSC), 6-6. https://doi.org/10.1049/cp.2015.0261

Dashti, M. S., Reza Zadeh, M., Khanzadi, M., & Taghaddos, H. (2021). Integrated BIM-based simulation for automated time-space conflict management in construction projects. Automation in Construction, 132, 103957. https://doi.org/10.1016/j.autcon.2021.103957

Demoly, F., Yan, X.-T., Eynard, B., Rivest, L., & Gomes, S. (2011). An assembly oriented design framework for product structure engineering and assembly sequence planning. Robotics and Computer-Integrated Manufacturing, 27(1), 33-46. https://doi.org/10.1016/j.rcim.2010.05.010

Eastman, C. M., & Sacks, R. (2008). Relative Productivity in the AEC Industries in the United States for On-Site and Off-Site Activities. Journal of Construction Engineering and Management, 134(7), 517-526. https://doi.org/10.1061/(ASCE)0733-9364(2008)134:7(517)

Eynard, B., Gallet, T., Nowak, P., & Roucoules, L. (2004). UML based specifications of PDM product structure and workflow. Computers in Industry, 55(3), 301-316. https://doi.org/10.1016/j.compind.2004.08.006

Goodier, C., & Gibb, A. (2007). Future opportunities for offsite in the UK. Construction Management and Economics, 25(6), 585-595. https://doi.org/10.1080/01446190601071821

Guerriero, A., Kubicki, S., Berroir, F., & Lemaire, C. (2017). BIM-enhanced collaborative smart technologies for LEAN construction processes. 2017 International Conference on Engineering, Technology and Innovation (ICE/ITMC), 1023-1030. https://doi.org/10.1109/ICE.2017.8279994

Hsieh, T.-Y. (1997). The economic implications of subcontracting practice on building prefabrication. Automation in Construction, 6(3), 163-174. https://doi.org/10.1016/S0926-5805(97)00001-0

Isaac, S., & Shimanovich, M. (2021). Automated scheduling and control of mechanical and electrical works with BIM. Automation in Construction, 124, 103600. https://doi.org/10.1016/j.autcon.2021.103600

Jaillon, L., & Poon, C. S. (2014). Life cycle design and prefabrication in buildings: A review and case studies in Hong Kong. Automation in Construction, 39, 195-202. https://doi.org/10.1016/j.autcon.2013.09.006

Jaillon, L., Poon, C. S., & Chiang, Y. H. (2009). Quantifying the waste reduction potential of using prefabrication in building construction in Hong Kong. Waste Management, 29(1), 309-320. https://doi.org/10.1016/j.wasman.2008.02.015

Jarratt, T. A. W., Eckert, C. M., Caldwell, N. H. M., & Clarkson, P. J. (2011). Engineering change: An overview and perspective on the literature. Research in Engineering Design, 22(2), 103-124. https://doi.org/10.1007/s00163-010-0097-y

Jupp, J. (2013). Incomplete BIM Implementation: Exploring Challenges and the Role of Product Lifecycle Management Functions. In A. Bernard, L. Rivest, & D. Dutta (Éds.), IFIP International Conference on Product Lifecycle Management" (Vol. 409, p. 630-640). Springer. https://doi.org/10.1007/978-3-642-41501-2_62

Koskela, L. (2000). An exploration towards a production theory and its application to construction. Helsinki University of Technology.

Lapalme, J., Gerber, A., Van der Merwe, A., Zachman, J., Vries, M. D., & Hinkelmann, K. (2016). Exploring the future of enterprise architecture: A Zachman perspective. Computers in Industry, 79, 103-113. https://doi.org/10.1016/j.compind.2015.06.010

Li, H., Guo, H. L., Skitmore, M., Huang, T., Chan, K. Y. N., & Chan, G. (2010). Rethinking prefabricated construction management using the VP-based IKEA model in Hong Kong. Construction Management and Economics, 29(3), 233-245.

Mäki, T., & Kerosuo, H. (2015). Site managers' daily work and the uses of building information modelling in construction site management. Construction Management and Economics, 33(3), 163-175. https://doi.org/10.1080/01446193.2015.1028953

Mangialardi, G., Di Biccari, C., Pascarelli, C., Lazoi, M., & Corallo, A. (2017). BIM and PLM Associations in Current Literature. In J. Ríos, A. Bernard, A. Bouras, & S. Foufou (Éds.), Product Lifecycle Management and the Industry of the Future (Vol. 517, p. 345-357). Springer International Publishing. https://doi.org/10.1007/978-3-319-72905-3_31

Mauger, C. (2014). Méthode de conception de produit intégrant ses services en phase conceptuelle appliquée aux projets de construction.

Mendes de Farias, T., Roxin, A., & Nicolle, C. (2018). A rule-based methodology to extract building model views. Automation in Construction, 92, 214-229. https://doi.org/10.1016/j.autcon.2018.03.035

Meski, O., Laroche, F., Belkadi, F., & Furet, B. (2019). La structuration des connaissances au service de l'industrie 4.0 : Le cas du projet « SmartEmmma ». in Colloque National Smart, 2019, p. 7.

Motamedi, A., Iordanova, I., & Forgues, D. (2018). FM-BIM Preparation Method and Quality Assessment Measures. 9.

O'Connor, J. T., O'Brien, W. J., & Choi, J. O. (2014). Critical Success Factors and Enablers for Optimum and Maximum Industrial Modularization. Journal of Construction Engineering and Management, 140(6), 04014012. https://doi.org/10.1061/(ASCE)CO.1943-7862.0000842

Paolini, A., Kollmannsberger, S., & Rank, E. (2019). Additive manufacturing in construction: A review on processes, applications, and digital planning methods. Additive Manufacturing, 30, 100894. https://doi.org/10.1016/j.addma.2019.100894

Pinquié, R., Rivest, L., Segonds, F., & Véron, P. (2015). An illustrated glossary of ambiguous PLM terms used in discrete manufacturing. International Journal of Product Lifecycle Management, 8(2), 142-171. https://doi.org/10.1504/IJPLM.2015.070580

Romero, D., & Vernadat, F. (2016). Enterprise information systems state of the art: Past, present and future trends. Computers in Industry, 79, 3-13. https://doi.org/10.1016/j.compind.2016.03.001

Ruiz-Zafra, A., Benghazi, K., & Noguera, M. (2022). IFC+: Towards the integration of IoT into early stages of building design. Automation in Construction, 136, 104129. https://doi.org/10.1016/j.autcon.2022.104129

Saaksvuori, A., & Immonen, A. (2008). Product Lifecycle Management. Springer Berlin Heidelberg. https://doi.org/10.1007/978-3-540-78172-1

Sacks, R., Eastman, C. M., Ghang, L., & Teicholz, P. (2018). BIM Handbook: A Guide to Building InformationModeling for Owners, Designers,Engineers, Contractors, and Facility Managers. Wiley.

Shang, G., Pheng, L. S., & Gina, O. L. T. (2020). Understanding the low adoption of prefabrication prefinished volumetric construction (PPVC) among SMEs in singapore: From a change management perspective. International Journal of Building Pathology and Adaptation, 39(5), 685-701. doi:10.1108/IJBPA-08-2020-0070

Sriprasert, E., & Dawood, N. (2002). Next Generation of Construction Planning and Control System: The LEWIS Approach. 15.

Terzi, S., Bouras, A., Dutta, D., Garetti, M., & Kiritsis, D. (2010). Product lifecycle management – from its history to its new role. International Journal of Product Lifecycle Management, 4(4), 360. https://doi.org/10.1504/IJPLM.2010.036489

Vanlande, R., Nicolle, C., & Cruz, C. (2008). IFC and building lifecycle management. Automation in Construction, 18(1), 70-78. https://doi.org/10.1016/j.autcon.2008.05.001

Whyte, J., Tryggestad, K., & Comi, A. (2016). Visualizing practices in project-based design: Tracing connections through cascades of visual representations. Engineering Project Organization Journal, 6(2-4), 115-128. https://doi.org/10.1080/21573727.2016.1269005

Won, J., & Cheng, J. C. P. (2017). Identifying potential opportunities of building information modeling for construction and demolition waste management and minimization. Automation in Construction, 79, 3-18. https://doi.org/10.1016/j.autcon.2017.02.002

Wuni, I. Y., & Shen, G. Q. (2020). Critical success factors for management of the early stages of prefabricated prefinished volumetric construction project life cycle. Engineering, Construction and Architectural Management, 27(9), 2315-2333. https://doi.org/10.1108/ECAM-10-2019-0534

Zhang, J., Luo, H., & Xu, J. (2022). Towards fully BIM-enabled building automation and robotics: A perspective of lifecycle information flow. Computers in Industry, 135, 103570. https://doi.org/10.1016/j.compind.2021.103570

PARTIE 2

Innover et opérationnaliser pour faire face aux enjeux climatiques

Application de simulations thermiques dynamiques en BIM pour la conception d'un bâtiment de grande hauteur à Genève

Audrey Meynlé[1], Nils Ter-Borch[2] et Dasaraden Mauree[2]

[1] BG Ingénieurs Conseils, direction numérique & BIM
audrey.meynle@bg-21.com

[2] BG Ingénieurs Conseils, unité bâtiment énergie et territoires
{nils.ter-borch, dasaraden.mauree}@bg-21.com
http://www.bg-21.com

Résumé

L'utilisation du BIM dans le domaine de la construction est courante. Toutefois, la pratique reste rare parmi les ingénieurs énergéticiens, malgré la disponibilité d'outils spécialisés, comme Design Builder, sur le marché. Cet article présente les deux premiers cas d'utilisation du BIM pour des simulations thermiques dynamiques chez BG Ingénieurs Conseils. En particulier le projet du Campus Pictet de Rochemont à Genève, pour lequel le label LEED Platinum est visé. La méthode développée et appliquée au projet est décrite. Dans un second cas d'étude, le gain de productivité, du point de vue de l'ingénieur, est mesuré. La méthode a permis de réaliser les pièces justificatives nécessaires et de dimensionner les installations de chauffage, ventilation et climatisation (CVC). Les différents avantages de la méthode développée, en particulier pour la durabilité, sont explorés. Les barrières à une utilisation systématique des outils BIM pour l'analyse thermique des bâtiments sont discutées.

Mots-clés

BIM, simulation thermique dynamique (STD), Interopérabilité, gbXML, données thermiques

Abstract

The use of BIM in the Architecture, Engineering and Construction industry is increasingly common. However, the practice remains rare among energy engineers, although specialized tools for energy calculations like DesignBuilder are available. This article presents the first two use cases of BIM for dynamic thermal simulations at BG Consulting Engineers. In particular, the Pictet "Campus de Rochemont" project in Geneva, for which the LEED platinum label is being sought. The method developed and applied to the project is described. In a second case study, the productivity gain, from the engineer's point of view, is measured. The method was used to produce the necessary supporting documents and to dimension the HVAC installations. The various advantages of the developed method, in particular for sustainability, are explored. The barriers to a systematic use of BIM tools for thermal analysis of buildings are discussed.

Keywords

BIM, Dynamic Thermal Simulation, Interoperability, gbXML, Thermal Data

1.   Introduction

Les émissions liées aux bâtiments représentent 24 % des émissions de gaz à effet de serre en Suisse [1]. Dans le contexte du dérèglement climatique, la confédération encourage la construction de bâtiments énergétiquement performants, par exemple au travers du Programme bâtiments [2]. La durabilité et l'efficacité énergétique des bâtiments sont des enjeux majeurs pour les maîtrises d'ouvrages. Un bâtiment construit en 2022 aura un impact au-delà de 2050, la date cible pour atteindre la neutralité carbone. La crise énergétique que traverse actuellement l'Europe met en évidence le besoin d'améliorer l'efficacité énergétique du parc bâti. Cette transformation requiert de nouvelles méthodes de planification, orientées vers la durabilité.

Sur la base du retour d'expérience des auteurs dans le domaine de la physique du bâtiment et du chauffage, ventilation et climatisation (CVC), un potentiel d'amélioration des pratiques de planification est identifié pour faciliter le développement de projets durables. Planifier au mieux un bâtiment durable requiert une vision globale et de la flexibilité. Il faut simultanément minimiser les émissions à la construction, les émissions en exploitation et les investissements de toutes les parties du bâti. Il faut pouvoir réagir à l'évolution du projet et rapidement analyser l'impact environnemental des modifications proposées par les différents acteurs [3]. Pour répondre à ces défis, des outils de simulation thermique dynamique (STD) et de calcul de cycle de vie, capables de s'interfacer à une maquette BIM, ont été développés [4]. La pratique qui consiste à ajouter la dimension de durabilité au BIM est appelée BIM 6D [7]. Malgré un manque dans la littérature, les auteurs font le choix de référer aux BIM 6D pour les méthodes présentées dans cet article. L'utilisation de ces outils dans l'industrie est imposée par certains labels durables, notamment LEED[1], qui impose un calcul STD. Toutefois, l'application de tels outils ainsi que la collaboration *via* le BIM entre tous les acteurs dans les projets de construction reste rare [4]. Cependant, ils représentent des avantages significatifs, tant sur le rapport coût-efficacité (l'analyse est plus rapide, la perte d'information est évitée), qu'au niveau de la fiabilité (les modèles de simulation sont conformes aux modèles de conception) [5]. Leur déploiement demande une coordination entre les équipes BIM et les équipes d'énergéticiens du bâtiment. La prise en main de nouveaux outils et le développement de nouveaux workflows sont nécessaires [4].

Le présent article fait l'objet de la première utilisation de ces outils dans la région Suisse romande par le bureau d'ingénieur BG Ingénieurs Conseils. La méthode développée a été appliquée avec succès pour la planification du projet Campus Pictet de Rochemont à Genève en 2020 et 2021. Les simulations énergétiques ont permis d'effectuer des calculs règlementaires et de valider les critères de performances énergétiques et de confort thermique demandés par plusieurs organismes de labellisations durables, dont LEED. Une maquette BIM a été utilisée pour réaliser ces simulations et analyser les futures consommations d'énergies du bâtiment (chauffage, refroidissement, électricité, ventilation) dès les premières phases de conception. La maquette BIM architecturale est remodélisée, puis enrichie, pour pouvoir être directement utilisée pour un calcul STD. Elle contient les informations sur les différents matériaux (composition des murs, des dalles, des toitures, types de vitrages…) ainsi que les éléments concernant les locaux (surface, volume, affectation, occupation…). Le transfert de la géométrie et des informations vers le logiciel de calcul a permis de simuler l'inertie thermique des bâtiments, la présence des occupants et finalement la dynamique dans les usages des locaux avec l'activation des luminaires ou des protections solaires. Les simulations ont également permis d'optimiser le dimensionnement et le fonctionnement des systèmes énergétiques.

2. Méthodologie

La méthodologie mise en place est la suivante :
- création d'une maquette numérique dédiée aux calculs énergétiques ;
- liaison des maquettes architectes ;
- modélisation géométrique des éléments architecturaux (façades, ouvertures, pièces…) ;
- intégration des propriétés physiques des éléments dans la maquette ;
- import de la maquette dans un logiciel de simulations thermiques dynamiques ;
- réalisation des simulations ;
- transfert des informations énergétiques dans les maquettes architectes.

---

1   Leadership in Energy and Environmental Design

2.1.   Outils et technologies utilisées

Les logiciels qui ont été utilisés pour réaliser le projet sont les suivants :
- Revit (Autodesk), pour la modélisation de la géométrie, l'intégration des informations thermiques du projet et l'export gbXML ;
- Solibri Office (Nemetschek), pour le contrôle de la maquette énergétique avant l'import dans Design Builder ;
- Design Builder, pour l'import du fichier gbXML et la réalisation des simulations thermiques dynamiques (STD) ;
- DRofus, pour le transfert des données énergétiques dans la maquette architecte ;
- Cloud Computing Design Builder, pour le calcul des simulations à distance sur un cloud.

2.2.   Démarches de construction de la maquette numérique pour les calculs énergétiques

2.2.1.   Modélisation des bâtiments sur Revit

L'export gbXML et l'import dans Design Builder des maquettes produites par l'architecte ont été testés, mais ces maquettes se sont avérées inutilisables pour effectuer les STD. En effet, le projet d'architecture est divisé en cinq maquettes numériques, une par bâtiment et une pour les sous-sols. Pour effectuer une STD, il est nécessaire d'avoir une seule maquette numérique. Il n'est pas possible de charger plusieurs maquettes dans Design Builder.

Les maquettes architecte sont très détaillées et très complexes, pour les fenêtres et les survitrages, par exemple, les maquettes architecte comportent environ 150 types différents pour le projet. Pour les calculs énergétiques, il est possible de simplifier un certain nombre d'éléments, notamment le nombre de types de fenêtres qui a pu être réduit à 40.

Les maquettes architecte n'étant pas exploitables dans le logiciel de simulations énergétiques, la solution la plus appropriée est de réaliser une maquette numérique dédiée aux calculs énergétiques contenant uniquement une modélisation des éléments (murs, dalles, toitures, façades, ouvertures, espaces) et des informations nécessaires aux simulations (propriétés thermiques des composants).

2.2.2.   Intégration des matériaux et de leurs propriétés thermiques

La maquette de calculs énergétiques doit intégrer la modélisation des différentes couches composants les éléments structurels : murs, dalles, toitures, leurs épaisseurs et leurs caractéristiques thermiques, afin de calculer les résistances thermiques des éléments multicouches dans Revit et de pouvoir les utiliser dans Design Builder.

2.2.3.   Intégration des espaces

La maquette de calculs énergétiques doit intégrer la modélisation des différents locaux composants le projet, leurs surfaces et leurs volumes, leurs affectations, leurs caractéristiques : chauffés, refroidis, non chauffés, ventilés, ventilés naturellement, etc. sont nécessaires aux simulations thermiques dynamiques.

**Tableau 1. Modélisation des éléments de structure (murs, dalles, toitures)
et intégration de leurs propriétés thermiques (Revit)**

Représentation 3D et composition détaillée des couches	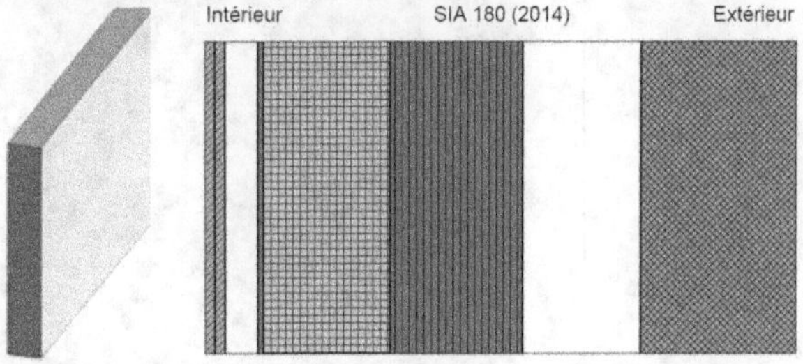 Intérieur — SIA 180 (2014) — Extérieur
Couches composant l'élément	*(tableau des couches, voir ci-dessous)*
Propriétés thermiques d'une couche	*(propriétés Revit, voir ci-dessous)*
Propriétés thermiques de l'ensemble du composant	*(propriétés analytiques, voir ci-dessous)*

Couches composant l'élément

COTE EXTERIEUR

	Fonction	Matériau	Epaisseur
1	**Limite de la couche principale**	**Couches au-dessus**	**0.00**
2	Porteur/Ossature [1]	Béton Armé	120.00
3	Isolant/Vide [3]	A Isolation vide air 15cm	15.00
4	Porteur/Ossature [1]	Brique, commune	17.00
5	Isolant/Vide [3]	A Isolation rigide	16.00
6	Couche membrane	Retardateur antivapeur	0.00
7	Isolant/Vide [3]	A Isolation vide air 4cm	4.00
8	Isolant/Vide [3]	A Isolation rigide fermacell	1.25
9	Isolant/Vide [3]	A Isolation rigide fermacell	1.25
10	**Limite de la couche principale**	**Couches en dessous**	**0.00**

COTE INTERIEUR

Propriétés thermiques d'une couche

Identité Graphiques Apparence **Thermique** +

Mousse de polystyrène - Haute densité(7)

▶ Informations
▼ Propriétés

☐ Transmet la lumière	
Comportement	Isotrope
Conductivité thermique	0.0320 W/(m·K)
Chaleur spécifique	1.1016 J/(g·°C)
Densité	1 150.00 kg/m³
Emissivité	0.95
Perméabilité	0.0000 ng/(Pa·s·m²)
Porosité	0.01
Réflectivité	0.00
Résistivité électrique	4.0000E+15 Ω·m

Propriétés thermiques de l'ensemble du composant

Propriétés analytiques	
Coefficient de transfert de chaleur (U)	0.1007 W/(m²·K)
Résistance thermique (R)	9.9259 (m²·K)/W
Masse thermique	318.76 kJ/K
Coefficient d'absorbance	0.100000
Rugosité	1

Ceux-ci sont modélisés dans Revit sous forme d'espaces (pièces avec des caractéristiques HVAC) et doivent reprendre les noms des pièces attribuées dans la maquette architecte, car ils permettent de définir l'utilisation du local (bureaux, restaurants, etc.).

Tableau 2. Modélisation des éléments des espaces

Représentation 3D	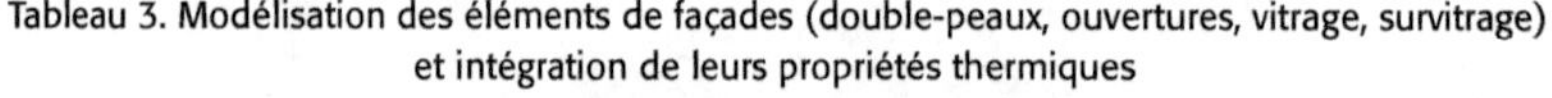
Données des pièces	Données d'identification Sous-projet — Modèle énergétique Numéro — 4252 Nom — T-Salle à manger Numéro de la pièce — Non occupé Nom de la pièce — Non occupé sia2024_N° Local type selon SIA 2024 CT — 6.1 Restaurant Image Commentaires

2.2.4. Intégration des double-peaux, des ouvertures, des types de survitrages et de vitrages

La maquette de calculs énergétiques doit intégrer la modélisation des ouvertures en façades et les caractéristiques thermiques par type de vitrage et de survitrage.

Tableau 3. Modélisation des éléments de façades (double-peaux, ouvertures, vitrage, survitrage) et intégration de leurs propriétés thermiques

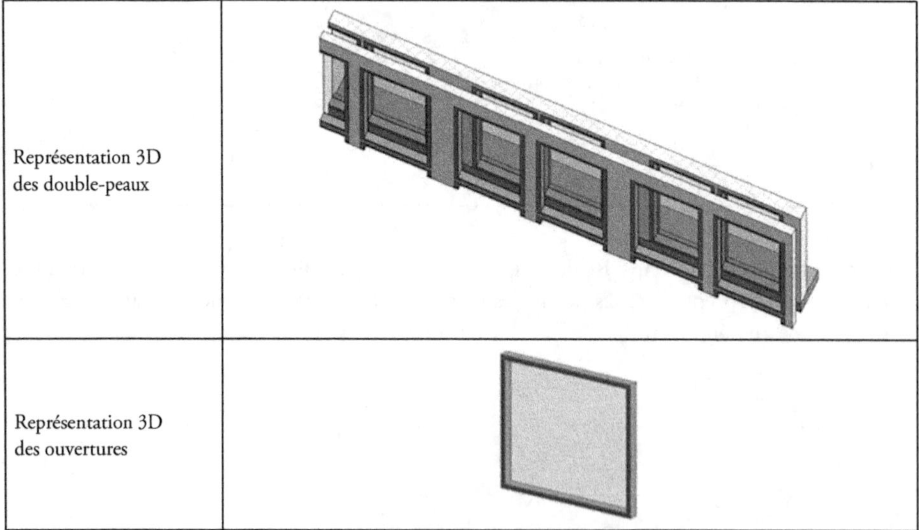

Représentation 3D des double-peaux	
Représentation 3D des ouvertures	

Taille du composant	**Cotes**	
	Largeur cadres	10.00
	Hauteur	300.00
	Largeur	173.00
	Ep. Isolant	20.00
	Largeur brute	173.00
	Hauteur brute	300.00
Propriétés thermiques des vitrages	**Propriétés analytiques**	
	Définir les propriétés thermiques par	Type schématique
	Transmission de la lumière visible	0.680000
	Coefficient d'apport thermique solaire	0.810000
	Coefficient de transfert de chaleur (U)	6.7018 W/(m²·K)
	Construction analytique	Simple vitrage SC=0.8
	Résistance thermique (R)	0.1492 (m²·K)/W

2.2.5. Import de la maquette dans DesignBuilder

La modélisation et l'ajout des différentes informations ont été réalisés progressivement par itérations avec des tests d'exports gbXML depuis Revit et d'import dans Design Builder. De cette manière, il a été possible d'identifier au fur et à mesure les sources d'erreurs à l'import dans Design Builder et d'adapter la modélisation Revit avant de passer aux étapes suivantes.

Tableau 4. Maquette énergétique (Revit), export gbXML, import (Design Builder)

Maquette énergétique Revit	Export gbXML	Import dans Design Builder

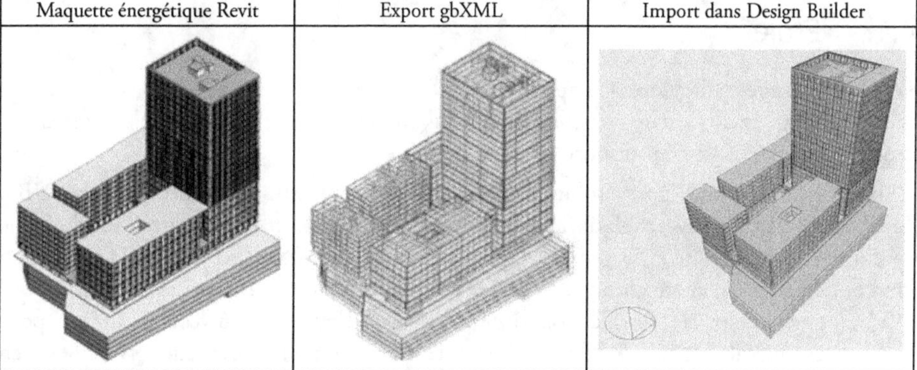

La maquette énergétique est préparée à partir de la maquette architecte. Toutes les informations pour créer cette maquette sont disponibles dans les précédentes sections.

L'interface pour importer les maquettes BIM dans DesignBuilder est illustrée dans le Tableau 4. Il faut, dans tous les cas, cocher :

- « import thermal properties », qui permet d'importer les propriétés thermiques ;
- « allow open manifold building block », qui permet d'importer des espaces ouverts.

Ces options permettent d'utiliser des informations issues de la maquette BIM et de prendre en compte uniquement les espaces fermés. Les espaces fermés sont indispensables pour la simulation énergétique, puisque les calculs se font dans un volume.

3.   La gestion des données BIM

Au-delà d'une représentation 3D d'un ouvrage, l'intérêt du BIM est d'intégrer les données et les informations nécessaires à la conception, à la réalisation et à l'exploitation d'un ouvrage.

Dans le cadre de notre projet, il s'agit des données nécessaires à la réalisation de calculs énergétiques et de simulations thermiques dynamiques. Le processus consiste à récupérer les données nécessaires dans la maquette architecte (géométrie, affectations, surfaces et volumes des locaux, etc.), d'enrichir ces données avec les caractéristiques thermiques des composants (façades, dalles, toitures, vitrage, etc.) et enfin de réintégrer les résultats des simulations dans la maquette architecte. De cette manière, le cycle de vie des données d'énergie est complet et peut être exploité par tous les acteurs du projet.

BG Ingénieurs Conseils intervient sur ce projet en tant que physicien du bâtiment, il est par conséquent impossible, pour des raisons de responsabilités, d'intervenir directement dans la maquette architecte. Le transfert des informations énergétiques vers les maquettes architecte a donc été réalisé grâce à une base de données connectée aux maquettes numériques dans laquelle les données ont pu être saisies sur les objets et ensuite transférées par synchronisation dans les maquettes architecte.

4.   Présentation du cas d'étude

4.1.   Projet

Le projet d'étude est le projet Campus Pictet de Rochemont à Genève, qui se veut une référence environnementale dans son concept de construction, sa consommation d'énergie et son accessibilité, avec un accent important sur la mobilité douce.

Le groupe Pictet a ainsi pour ambition d'obtenir pour son futur bâtiment les labels SNBS, LEED et WELL de niveau platinium, le plus exigeant. Chacun correspond à un domaine spécifique : la durabilité et la viabilité économique pour SNBS (label suisse), la protection environnementale et énergétique pour LEED et l'évaluation du bien-être des occupants pour WELL, toutes deux des certifications internationales. L'octroi du niveau platinium pour chacun des trois labels ferait du Campus Pictet de Rochemont l'un des premiers bâtiments en Suisse à répondre à ces standards et l'un des plus écoresponsables d'Europe.

Le projet est composé d'un quadrilatère d'immeubles d'une surface totale de 66 500 m², il comprend :

- une tour administrative de 23 étages et de 92 mètres de hauteur ;
- deux immeubles administratifs de 7 étages ;
- un bâtiment de logements de 8 étages ;
- cinq niveaux de sous-sols avec un auditoire sur 2 niveaux.

L'objectif est de réaliser les simulations thermiques dynamiques et d'autres simulations liées aux labellisations de ce bâtiment depuis des maquettes numériques BIM.

4.2. Logiciels et technologies utilisées

Les logiciels qui ont été utilisés pour réaliser le projet sont les suivants :
- Revit (Autodesk), pour la modélisation de la géométrie, l'intégration des informations thermiques du projet et l'export gbXML ;
- Solibri Office (Nemetschek), pour le contrôle de la maquette énergétique avant l'import dans Design Builder ;
- Design Builder, pour l'import du fichier gbXML et la réalisation des simulations thermiques dynamiques (STD) ;
- DRofus, pour le transfert des données énergétiques dans la maquette de l'architecte.

La technologie Cloud Computing a été utilisée pour le calcul des simulations.

5. Levés des verrous technologiques

Les trois principaux verrous technologiques identifiés pour la réalisation du projet sont décrits dans les sous-chapitres suivants :

5.1. La taille et la complexité du projet

Le projet comprend quatre bâtiments et cinq niveaux de sous-sols, il est composé de plus de 3 000 locaux avec une large diversité d'affectations (salons clientèle, cuisines, bureaux paysagés, salles de conférences, restaurants, business center, auditoire, locaux techniques et logistiques…). Les façades sont complexes et composées de double-peaux avec différents types de vitrages et de survitrages. Pour assurer sa ventilation, le projet compte une vingtaine de centrales de traitement d'air (CTA). Pour atteindre les niveaux platinium des labellisations SNBS, Well et LEED, il est nécessaire de réaliser des simulations thermiques dynamiques (STD), prenant en compte toutes ces spécificités.

5.2. La méthode de travail

Pour la réalisation de ce type de simulations thermiques dynamiques (STD), BG Ingénieurs Conseils employait la méthode de travail suivante :
- import des plans 2D architecte dans le logiciel utilisé pour les simulations énergétiques Design Builder ;
- modélisation des plans 2D ;
- configuration de la composition des couches des éléments structurels (murs, dalles, toitures) ;
- configuration des ouvertures et des vitrages en façades ;
- configuration des espaces et définition de leur affectation ;
- définition de l'occupation des locaux ;
- modélisation des installations CVC ;
- réalisation des simulations thermiques dynamiques (STD).

La taille et la complexité du projet empêchaient d'utiliser la méthode habituelle, trop chronophage, elle n'aurait pas permis de tenir les délais fixés dans le planning des études. Ce constat nous a imposé de mettre en œuvre une nouvelle méthode de travail.

Le BIM 6D semblait une solution, avec un fort gisement en termes de gains de temps. La modélisation du bâtiment dans un logiciel BIM est beaucoup moins fastidieuse que dans le logiciel de calculs énergétiques. De plus, l'intégration des informations liées aux propriétés thermiques des matériaux et aux espaces dans la maquette numérique permet de limiter le temps passé à configurer les éléments avant la simulation dans Design Builder.

La nouvelle méthode imaginée est la suivante :

– import de la maquette BIM dans Design Builder ;

– configuration de l'occupation des espaces, des heures de fonctionnement, etc. ;

– réalisation des simulations thermiques dynamiques (STD).

Le principal enjeu est de permettre une interopérabilité entre le logiciel de modélisation BIM (Revit) et le logiciel de simulations énergétiques (Design Builder) en utilisant le format dédié le gbXML (green building XML).

5.3.   La puissance de calculs

Une simulation thermique dynamique sur un projet de cette ampleur nécessite une capacité de calcul informatique importante. Les ordinateurs professionnels, bien que très performants, peinent à réaliser ce type de calculs sans bugs et dans le timing souhaité. Les premières simulations ont été réalisées de cette manière, la simulation durait environ une semaine.

Les hypothèses pour les levés des différents verrous sont : la mise en œuvre d'une nouvelle méthode de travail intégrant l'utilisation des maquettes BIM et le déport des simulations énergétiques en ligne sur un cloud.

6.   Exploitation des données BIM et calcul STD

T. Laine, *et al.* relevaient en 2007 les avantages du BIM pour l'analyse énergétique des bâtiments :

• améliorer le flux d'informations ;

• réaliser des calculs thermiques dynamiques ;

• faciliter la mise à jour des calculs tout au long du projet.

Toutefois, l'exploitation des données d'une maquette architecturale pour la planification de l'enveloppe du bâtiment et le dimensionnement du système énergétique reste une pratique rare. Les ingénieurs en chauffage, ventilation et climatisation (CVC) utilisent le BIM, mais uniquement pour projeter l'implantation du système énergétique dans son état final.

La présente étude fait état d'un cas particulier, pour lequel ces deux verrous ont été levés. Le label LEED impose un STD, et plusieurs personnes convaincues par l'utilité de ces méthodes ont eu l'opportunité de collaborer sur ce projet au travers d'un fonds interne dédié à l'innovation. C'est dans ce contexte que notre nouvelle méthode de travail a été développée et appliquée. Pour faire évoluer les méthodes de travail actuelles, il est essentiel de lever ces verrous de manière systématique.

Concernant les verrous législatifs, de nouveaux labels durables plus exigeants, comme LEED, agissent comme activateur. Dans le cas présent, cette obligation de justification par calcul thermique dynamique a été le point de départ pour une réflexion plus large sur les méthodes de travail et l'utilisation du BIM pour les calculs énergétiques. Ce qui montre que les exigences d'un label durable sur la méthode de calcul peuvent être promotrices de méthodes de travail plus efficaces pour la planification durable.

Concernant les verrous sociaux, notre retour d'expérience démontre un gain de temps considérable pour l'ingénieur, même sans impliquer l'architecte, qui, dans ce cas, est externe à l'organisation. Pour un projet de grande envergure, le processus de mise à jour des calculs est particulièrement bénéfique. Une comparaison entre la méthode de travail usuelle d'un énergéticien du bâtiment et les calculs thermiques sur une maquette BIM permettent de mettre en évidence les avantages et les gains apportés par le BIM.

Avec l'ancienne méthode de travail, les flux d'informations n'étaient pas optimisés, propices aux erreurs et chronophages en cas de modifications du projet architectural. La nouvelle méthode de travail incluant le BIM évite de détruire et reconstruire l'information sur la géométrie du bâtiment et facilite la gestion du *change order* des projets. Un temps dédié à l'apprentissage est nécessaire pour maîtriser ces outils. Mais ce temps est faible comparé aux nombreux avantages pour les différentes parties prenantes, comme décrit par W. Lu *et al.* (2014) [6] et élaboré dans la section résultats.

7.   Résultats

La méthodologie appliquée sur le projet Campus Pictet de Rochemont a présenté de nombreux avantages pour différents acteurs, tels que :

- **l'énergéticien :** un calcul précis des consommations de chaud, de froid et des besoins de ventilation du bâtiment est possible au pas horaire ou quart horaire sur une année, pour chaque pièce. Ce calcul prend en compte la température, l'ensoleillement, l'ombrage et le degré d'occupation des utilisateurs. Les déperditions et gains thermiques exacts de chaque élément d'enveloppe sont évalués. Les résultats de la STD sont utilisés pour répondre aux critères LEED, Well et SNBS. Ces résultats permettent également de remplir les documents règlementaires de dépôt d'autorisation de construire ;
- **l'ingénieur CVC :** la simulation et le dimensionnement du système CVC sont faits directement en fonction des résultats de l'analyse des besoins thermiques ;
- **le maître d'ouvrage :** le calcul précis des besoins énergétiques évite de surdimensionner le système de chauffage et de refroidissement. Ce qui représente des économies importantes et une certitude sur la redondance. De plus, la maquette énergétique, combinée à des capteurs, pourrait être utilisée pour le suivi en exploitation du bâtiment ;
- **l'architecte :** les modifications de l'enveloppe du bâtiment durant le projet sont rapidement intégrées par l'énergéticien et simulées.

La méthodologie développée sur le projet Campus Pictet de Rochemont a pu être mise en œuvre sur d'autres projets. Les écarts de temps passé avec et sans l'utilisation du BIM sont considérables, comme indiqué dans le tableau 5.

Tableau 5. Comparatif du temps passé pour réaliser les simulations thermiques dynamiques
avec et sans utilisation du BIM sur un projet de taille moyenne

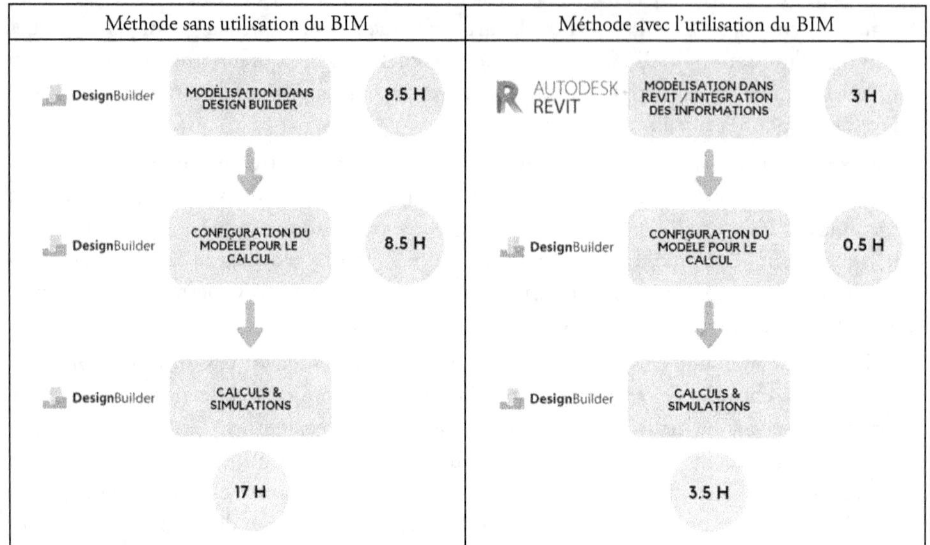

Ces gains de temps nous permettent de proposer ces prestations à des tarifs compétitifs et d'encourager nos clients à réaliser ce type de simulations thermiques dynamiques. La STD permet de dimensionner les futures installations de manière plus optimisée et promeut ainsi les énergies renouvelables. De plus, la même maquette numérique de calculs énergétiques permet de réaliser différents types de simulations en plus des STD, des calculs d'énergie grise, de lumière naturelle, de ventilation naturelle, etc. Ce qui simplifie les procédures de justification par calcul des labels durables, tels que LEED, SNBS ou Minergie et réduit le coût des études liées à ces labels.

7.1. Résultats

Les verrous technologiques identifiés en début de projet ont pu être levés au cours de sa réalisation. La taille et la complexité du projet, ainsi que la labellisation LEED, ont été décisives pour choisir une alternative à notre méthode de travail habituelle. L'utilisation du BIM et la réalisation d'une maquette énergétique dédiée aux simulations ont permis d'intégrer toutes les spécificités techniques du projet (locaux, double-peaux, type de vitrage et de survitrages, etc.). La nouvelle méthode de travail a permis de réaliser les missions du projet dans le temps imparti. Les problématiques de puissance de calculs liés aux ordinateurs professionnels ont pu être réglées par l'utilisation du Cloud Computing de l'éditeur Design Builder, qui permet d'effectuer les simulations dans le cloud et de récupérer les résultats rapidement.

La mise en œuvre de cette méthode de calculs intégrant les maquettes BIM sur le projet Campus Pictet de Rochemont a été une réussite, puisque nous avons pu réaliser les simulations thermiques dynamiques (STD) permettant de valider les labellisations de niveaux platinium pour LEED, Well et SNBS, dans le temps imparti.

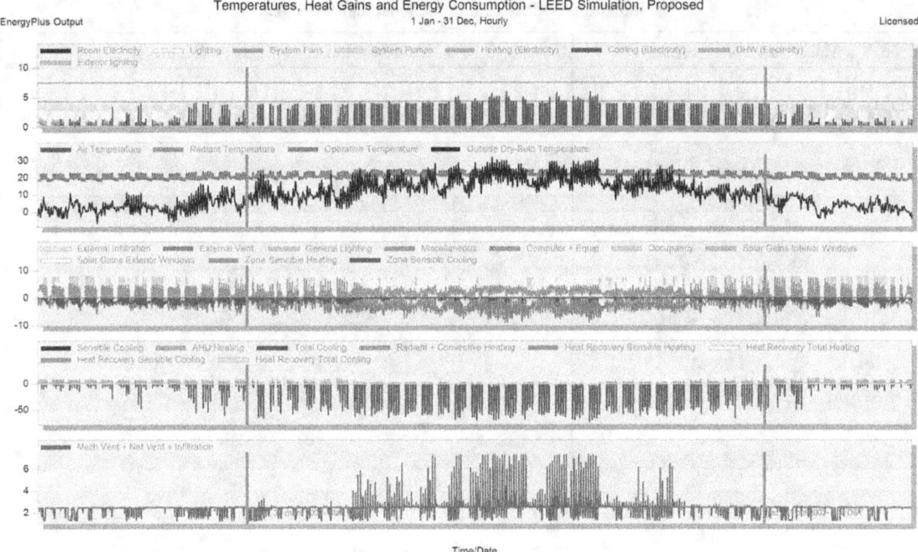

Figure 1. Résultats issus de la simulation DesignBuilder sur les consommations d'énergie
et le confort pour chaque heure de l'année

Les prochains développements consistent à importer les installations CVC depuis les maquettes BIM. Dans le cas d'étude du projet Campus Pictet de Rochemont, ces installations ont été modélisées directement dans Design Builder. Les maquettes numériques ventilation et hydraulique étant à notre disposition sur la plupart des projets, l'import de ces éléments dans Design Builder représentera également un gain de temps intéressant.

Une collaboration étroite avec un bureau d'architecture est en cours, le but étant de réaliser une maquette architecturale qui soit compatible avec les outils de simulations énergétiques, sans remodélisation.

Tout l'intérêt du BIM est de construire virtuellement avant de construire réellement, de pouvoir simuler la future construction, d'évaluer ses consommations, etc. de manière à construire des bâtiments de meilleure qualité, optimisés et plus efficients énergétiquement. En effet, le bâtiment virtuel peut être simulé afin de comparer un grand nombre de scénarios pour définir la solution optimale d'un point de vue économique et environnemental. Ainsi, un grand nombre de variables peuvent être analysées simultanément, telles que la composition de l'enveloppe, l'orientation du bâtiment, la disposition des salles, des fenêtres ou de tout élément impactant le bâti. L'utilisation de la maquette énergétique en phase d'exploitation est un point supplémentaire à explorer.

Toutefois, les auteurs ont identifié deux verrous à l'utilisation plus répandue des simulations thermiques dynamiques :

- **verrous législatifs :** les normes de construction et la plupart des labels durables prévoient une justification par calcul thermique statique. Toute autre méthode de calcul, même plus précise, est soit proscrite, soit soumise à une demande de dérogation ;
- **verrous sociaux :** l'adoption de ces nouvelles méthodes de travail demande un investissement de temps, pour la prise en main de nouveaux outils et processus. De nombreux acteurs sont concernés et ils doivent être convaincus que ces méthodes apportent une plus-value au projet.

Tableau 6 – Modélisation des installations CVC

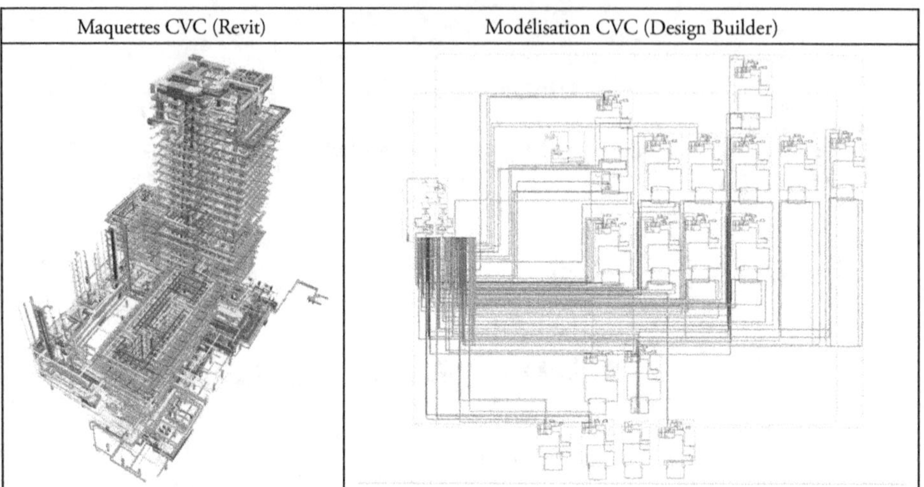

Maquettes CVC (Revit)	Modélisation CVC (Design Builder)

8.   Discussions et conclusion

La méthode décrite a permis de réaliser les pièces justificatives nécessaires et un dimensionnement précis des installations CVC. Du point de vue de l'ingénieur, un gain de temps significatif a été mesuré en utilisant un outil de calcul STD et l'information disponible dans la maquette architecturale. Du point de vue de maître d'ouvrage, le surdimensionnement des installations CVC a pu être évité. Ces résultats positifs ont encouragé l'utilisation plus systématique du BIM 6D dans le domaine de l'énergie chez BG Ingénieurs Conseils et ont permis l'acquisition de compétences dans le domaine. Une réflexion pour améliorer l'exploitation des données des maquettes techniques (CVC) dans le domaine de l'énergie est en cours. L'avis des auteurs est qu'un grand potentiel d'amélioration des pratiques grâce à la méthode BIM 6D subsiste, notamment l'échange d'informations entre toutes les parties prenantes *via* une maquette BIM unique qui répond aux besoins des différents métiers. Les associations professionnelles du domaine de la construction ont un rôle à jouer pour lever les verrous et promouvoir la construction durable au travers du BIM 6D.

Références

[1]   Office fédéral de l'environnement (2022) Émissions de gaz à effet de serre visées par la loi sur le CO2 et par le Protocole de Kyoto, 2e période d'engagement (2013–2020). Publication OFEV. P.16

[2]   Le Programme bâtiments, visité le 29.06.2022 : https://www.leprogrammebatiments.ch/fr/

[3]   T. Laine, A. Karola, (2007) Benefits of Building Information Models in Energy Analysi. Proceedings of Clima 2007 WellBeing Indoors

[4]   W. Wu, R. Issa, (2015) BIM Execution Planning in Green Building Projects: LEED as a Use Case. American Society of Civil Engineers

[5]   Emira EL ASMI (2016) Un environnement méthodologique et logiciel pour l'interopérabilité de la maquette numérique du bâtiment et de la simulation énergétique

[6]   W. Lu, A. Fung, Y. Peng, C. Liang, S. Rowlinson (2014) Cost-benefit analysis of Building Information Modeling implementation in building projects through demystification of time-effort distribution curves. Building and Environment

[7]   Fransisco J. M.-S., Manuel J. H.-O. And J. T.-C. (2020) Sustainability and Energy Efficiency: BIM 6D. Study of the BIM Methodology Applied to Hospital Buildings. Value of Interior Lighting and Daylight in Energy Simulation. Sustainability

Intérêts d'une convergence BIM-SIG pour accélérer l'adaptation au changement climatique des bâtiments

Didier Soto[1], Karim Selouane[1], Leydy Alejandra Castellanos[1],
Sissa Bekombo Priso[1] et Nicolas Ziv[1]

[1] Resallience
didier.soto@resallience.com

Résumé

Le changement climatique impose d'accélérer l'adaptation au changement climatique des bâtiments, particulièrement en milieu urbain dense, déjà impactés par les îlots de chaleur urbains (ICU). Appréhender les impacts des ICU sur les bâtiments, dans un contexte de changement climatique, nécessite de considérer, à la fois, le bâtiment en tant qu'infrastructure physique et fonctionnelle, mais également son cadre bâti et son territoire d'influence. Or, malgré des avancées considérables, les communautés scientifiques et techniques continuent de fonctionner de manière silotée en termes d'outils et de méthodes, avec, d'une part, le *Building Information Modelling* (BIM) pour le bâtiment, et les systèmes d'information géographique (SIG) sur le cadre bâti et le territoire. Cet article présente l'intérêt et l'application d'une convergence des méthodes BIM-SIG pour modéliser les impacts de la surchauffe urbaine, ainsi que la performance et la spatialisation de solutions rafraîchissantes.

Mots-clés

Changement climatique, adaptation, BIM, SIG, surchauffe urbaine

Abstract

Climate change orders the adaptation of buildings to climate change, mainly in dense urban areas, already impacted by Urban Heat Islands (UHI). To characterize the climate change induced impacts of UHI on buildings, we need to consider at the same time the building as a physical and functional infrastructure, but also its built environment and its living area. However, despite significant advances, scientific, and technical communities are still working individually in terms of methods and tools with the Building Information Modelling (BIM) from one side and the Geographical Information Systems (GIS) from the other side. This article highlights the interest of a BIM-GIS convergence to model the urban overheating impacts and measure the performance and spatialization of cooling solutions.

Keywords

Climate change, adaptation, BIM, GIS, urban overheating

1.   Introduction

Le dernier rapport du Groupe d'experts intergouvernemental sur l'évolution du climat (IPCC, 2022) rappelle que le changement climatique va contribuer à augmenter, de manière significative, la fréquence, l'intensité et la vitesse de déclenchement des aléas naturels. L'ampleur des dommages causés par les catastrophes récentes, en France et dans le monde, interroge sur l'inadaptation des bâtiments, et, plus généralement, des infrastructures et des territoires, aux effets du changement climatique.

Les fortes chaleurs constituent un aléa climatique, amplifié, en milieu urbain, par le phénomène d'îlot de chaleur urbain (Oke, 1981), qui se caractérise par un différentiel plus élevé de températures entre les cœurs de villes et leurs environs. Il en résulte une surchauffe localisée, qui se caractérise par une persistance de températures plus élevées, particulièrement la nuit. Ses origines sont liées à la minéralisation des surfaces, une part amoindrie des espaces végétalisés et aquatiques, une réduction de la ventilation, un ajout de chaleur anthropique et une réflectance accrue des flux radiatifs (Mirzaei & Haghighat, 2010).

Réduire le phénomène d'ICU dans un contexte de changement climatique nécessite de repenser l'aménagement de nos villes et de nos bâtiments (Hendel *et al.*, 2015 ; Péré, 2015) afin de réduire les impacts sanitaires des fortes chaleurs et accroître le confort thermique des citadins. Agir au niveau du bâtiment est indispensable du fait de sa forte inertie thermique : la chaleur accumulée durant la journée est relâchée à l'extérieur, mais aussi à l'intérieur des logements. Les leviers d'action sont multiples : changer les matériaux de construction, jouer sur l'albédo et les caractéristiques thermoradiatives des revêtements (Yang *et al.*, 2020), apporter une source de rafraîchissement naturel (Leal Filho *et al.*, 2018) ou bien réduire les émissions de chaleur (Wang & Shu, 2020).

Évaluer l'efficience des solutions de rafraîchissement nécessite de développer des approches de modélisation aussi bien à l'échelle du bâtiment que de son territoire environnant (Castellanos, 2022). La modélisation numérique des données du bâtiment (*Building Information Modeling – BIM*) permet aujourd'hui une représentation 2D/3D/4D de l'infrastructure, dans sa partie aérienne et souterraine, et un recueil en temps réel de ses caractéristiques techniques à travers un écosystème d'objets connectés et une gestion centralisée. Caractériser le territoire à travers l'identification géographique de ses bassins de vie et d'emploi, ses enjeux majeurs, ses infrastructures critiques ou son environnement naturel est possible grâce aux systèmes d'information géographique (SIG) et aux méthodes géomatiques de traitement et de visualisation de l'information.

Malgré l'évidente complémentarité de leurs méthodes, de leurs objets d'étude et des avancées notables sur la convergence BIM-SIG (Hajji & Jarar Oulidi, 2021), les communautés scientifiques et techniques continuent de fonctionner de manière silotée. Les raisons sont multiples : pénétration encore faible des deux communautés, faible demande client, absence d'application concrète, interopérabilité BIM-SIG encore faiblement développée (AUTODESK & ESRI, 2022). En France, le projet national MINnD (modélisation des informations interopérables pour les infrastructures durables), auquel prend part le bureau d'études Resallience, a contribué, depuis 2019, à accélérer la convergence BIM/SIG en jouant sur des leviers d'action, tels que la formulation de cas d'application ou la définition de protocoles d'interopérabilité.

Cet article montre un exemple du bénéfice de la convergence BIM-SIG dans le domaine de la résilience des bâtiments au changement climatique. La modélisation numérique 3D, qui a été réalisée pour un projet d'extension d'une gare ferroviaire en France, permet de documenter la disparité locale des températures d'air, dans un contexte de fortes chaleurs et de quantifier l'efficience des solutions de rafraîchissement. Les données et informations obtenues permettent aux constructeurs, aux promoteurs et aux aménageurs d'anticiper le risque climatique, dès la phase de conception, et de pouvoir designer et monitorer les solutions de rafraîchissement en fonction du contexte urbain et de l'évolution climatique attendue.

2.   Méthodologie

Pour parvenir à une modélisation numérique 3D du bâtiment dans son environnement bâti, il a d'abord été nécessaire de définir un protocole d'acquisition et de traitement de la donnée (figure 1).

La première étape consiste en une visualisation de la scène urbaine à l'aide d'une photographie aérienne ou d'un plan, de manière à observer le cadre bâti et à distinguer les principaux éléments d'occupation du sol (bâtiments, revêtements de route, chemins, surfaces végétalisées et/ou en eau, arbres).

La deuxième étape consiste à obtenir l'information digitale pour chacun de ces éléments. Elle peut être acquise au sein de bases de données spécialisées : la BD TOPO® de l'Institut national de l'information géographique et forestière (IGN) contient les informations géographiques et géométriques relatives aux formes urbaines (caractéristiques et élévation des bâtiments) pour la France. La BD TOPO® présente également l'avantage d'être téléchargeable dans un format compatible avec la plupart des logiciels SIG (*shapefile*). Pour toutes les couches qui ne peuvent être identifiées avec des bases de données géographiques, la digitalisation numérique avec un logiciel SIG constitue une alternative. Il convient d'être particulièrement vigilant, toutefois, à ce que chaque vertex d'une couche soit apparié avec le vertex d'une autre couche pour éviter tout problème dans la constitution du maillage tridimensionnel.

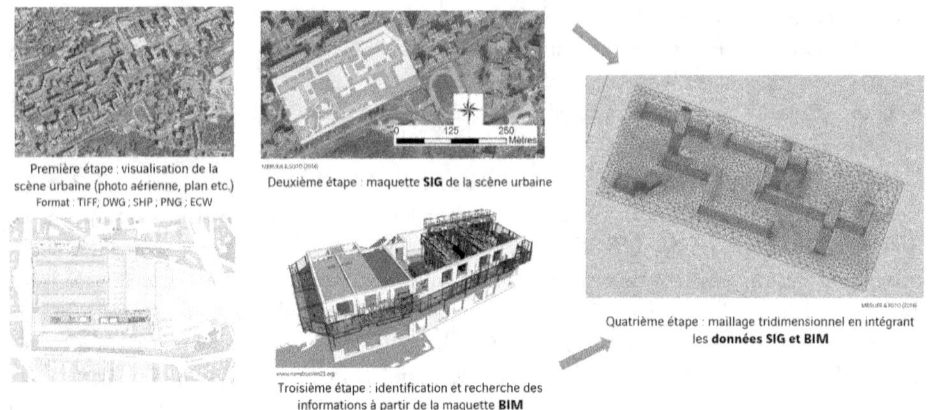

Figure 1. Protocole d'acquisition et de traitement de la donnée pour réaliser une modélisation numérique 3D d'un bâtiment et de son cadre bâti

La troisième étape consiste en une extraction des données du bâtiment à partir d'une maquette BIM : matériaux de construction, caractéristiques des revêtements (matériau, épaisseur, isolant), équipements de chauffage, de ventilation et de climatisation.

La quatrième étape consiste en une extrusion 3D de la maquette SIG à l'aide d'un logiciel 3D, en prenant en compte l'altitude des bâtiments. Pour permettre l'attribution de propriétés thermodynamique à chaque surface (façade et sol), nous procédons à un maillage triangulaire de la scène urbaine (figure 1 et figure 2). La résolution métrique des mailles est choisie selon la précision attendue de l'étude. Elle conditionne également le temps de simulation. Dans cette étude, le maillage a été réalisé avec le logiciel SALOME avec une résolution de 0,1 m comme taille de maille la plus petite. Pour chacune des mailles, nous attribuons des valeurs thermoradiatives selon la nature identifiée de la surface. Ces valeurs concernent l'albédo, l'émissivité, la conductivité thermique, la capacité thermique massique et la masse volumique.

Une veine numérique est alors créée. Elle correspond à l'ensemble de la colonne d'air qui inclut la scène urbaine. Au sein de cette veine, les transferts radiatifs sont calculés entre la colonne d'air, les bâtiments, les revêtements de sol et le sol en lui-même, pour sa capacité à transférer de la chaleur par convection et à la stocker.

La circulation tridimensionnelle de l'air et les échanges convectifs sont calculés selon un modèle numérique de mécanique des fluides, appelé CFD (*Computational Fluid Dynamics*). Le modèle utilisé, Code-Saturne (Archambeau *et al.*, 2004), permet de caractériser finement différents modes d'un écoulement atmosphérique dans un milieu bâti complexe. *In fine*, les propriétés thermoradiatives des matériaux et des revêtements, la circulation tridimensionnelle de l'air, ainsi que les échanges convectifs sont couplés pour le calcul du bilan énergétique de surface de la scène urbaine.

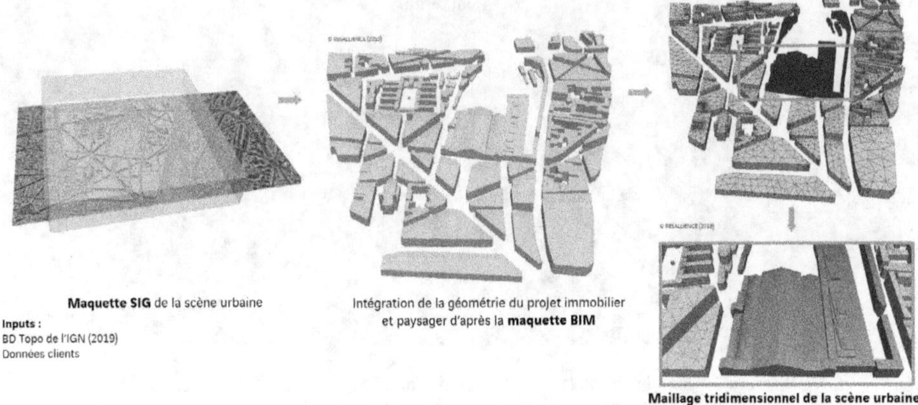

Figure 2. Maillage tridimensionnel de la scène urbaine considérée

3.   Application et résultats

La méthodologie a été appliquée dans le cadre de la conception d'un nouveau terminal d'une gare ferroviaire en France. Le projet implique une végétalisation du site, comprenant un toit et des façades végétalisés. Les caractéristiques de la végétation (localisation, hauteur, essences) ont été extraites de la maquette BIM.

Il a également été nécessaire de définir une situation météorologique de référence. Nous avons considéré une température minimale de 21 °C et une température maximale de 31 °C pendant trois jours consécutifs, avec un vent faible (deux mètres/seconde) et une humidité relative de 60 %. L'ambiance choisie est donc volontairement inconfortable pour de futurs usagers (forte chaleur et humidité).

Nous avons également fait l'hypothèse d'une efficacité quasi optimale de l'évapotranspiration des végétaux, ce qui nécessitera une irrigation optimale de la part du gestionnaire.

Les résultats de la simulation avec prise en compte du rafraîchissement sont présentés sous la forme d'une cartographie de la température de l'air à un mètre des surfaces et de bulles de rafraîchissements 3D, qui permettent de visualiser la zone à l'intérieur de laquelle un gain de 1 ou de 2 °C est estimé par la modélisation (figure 3).

Les simulations montrent, pour une situation météorologique donnée, l'efficacité très localisée des solutions de rafraîchissement. L'évapotranspiration effective est comprise entre 135 et 417 W/m² pour un gain de fraîcheur estimé entre 1 et 2 °C, sous réserve d'une irrigation optimale. Ces valeurs sont cohérentes avec les résultats d'expérimentations scientifiques (Besir & Cuce, 2018 ; Wang & Shu, 2020).

L'intérêt de la modélisation numérique 3D est qu'il est possible de visualiser l'ampleur spatiale de chacune des bulles de rafraîchissement (figure 4 et figure 5). Ce dernier est d'ailleurs très hétérogène. On constate que les endroits pour lesquels le rafraîchissement est maximal sont très localisés.

Figure 3 – Simulation de la température de l'air (T_{max} = 31 °C) et de l'efficacité
du projet paysager en termes de gain de fraîcheur

Figure 4. Simulation d'un panache de rafraîchissement de 0,5 °C (T_{max} = 31 °C)

Figure 5. Simulation d'un panache de rafraîchissement de 2 °C (T_{max} = 31 °C)

Il convient de rappeler les extrêmes versatilité et volatilité de ces résultats au regard des hypothèses initiales choisies pour la modélisation, notamment la situation météorologique initiale ou bien les performances d'irrigation. Une autre simulation réalisée sous des conditions très différentes montre des résultats très différents (figure 6 et figure 7). Ici, la température maximale est de 41 °C avec une humidité relative de 20 %. Les performances d'évapotranspiration sont réduites (entre 93 et 280 W/m² contre des valeurs comprises entre 135 et 417 W/m²). Même avec une irrigation optimale, ce qui paraît très improbable au regard des restrictions d'arrosage connues cet été 2022 en France métropolitaine, le rafraîchissement est plus limité.

Figure 6 – Simulation de la température de l'air (T_{max} = 41 °C) et de l'efficacité, plus réduite, du projet paysager en termes de gain de fraîcheur

Figure 7. Simulation d'un panache de rafraîchissement de 2 °C (T_{max} = 41 °C)

4. Conclusion

L'adaptation au changement climatique des bâtiments et des infrastructures est devenue une nécessité au regard de l'évolution climatique actuelle. Les fortes chaleurs imposent un risque sanitaire et des conditions d'inconfort pour des citadins toujours plus nombreux au cœur des villes. La lutte contre la surchauffe urbaine passe par l'aménagement d'îlots de rafraîchissement, grâce aux solutions basées sur la nature, aux modifications de revêtement et à la réduction des émissions anthropiques de chaleur.

Évaluer l'efficience du rafraîchissement ne constitue cependant pas un exercice aisé. La modélisation numérique 3D permet de simuler, à toutes les étapes du cycle de vie d'un bâtiment (conception, construction, exploitation, rétrocession) les impacts de la surchauffe et les bénéfices des solutions de mitigation. Dans ce contexte, la convergence BIM-SIG se révèle être un atout pour mutualiser des connaissances et des compétences scientifiques et techniques pour modéliser un bâtiment et son cadre bâti en 3D/4D. Cette publication présente un cas d'application d'une convergence BIM-SIG, dans le cadre de l'extension d'un terminal d'une gare ferroviaire en France.

Les principaux apports de cet article résident, premièrement, dans la formulation d'un protocole méthodologique d'acquisition et de traitement de la donnée, au sein duquel les données SIG et BIM sont utilisées respectivement pour parvenir à une modélisation 3D d'un bâtiment et de son cadre bâti. Deuxièmement, l'application de cette méthodologie permet de quantifier et de spatialiser le rafraîchissement de solutions basées sur la nature (végétalisation de toits et de façades). Un gain de fraîcheur d'un à deux degrés de la température de l'air a été simulé pendant un épisode caniculaire. Ce rafraîchissement est très localisé et très dépendant d'une performance optimale continue de l'évapotranspiration des végétaux. Cet enseignement est utile pour tout constructeur, promoteur et aménageur en charge de végétaliser un projet immobilier ou urbain. Il convient ainsi de considérer, d'une part, la versatilité et la volatilité des températures de l'air au regard des circulations/recirculations locales. D'autre part, le choix des essences végétales doit se faire au regard de leur performance d'évapotranspiration et de leur résilience aux fortes chaleurs pour ne pas dépendre exclusivement d'un arrosage, dont on sait qu'il va être désormais restreint pendant les fortes chaleurs.

Cet exemple d'une convergence BIM-SIG à un bâtiment et à son cadre bâti pose une base méthodologique pour une application plus large, notamment dans le cadre de la conception de jumeaux numériques. Outre le diagnostic de la quantification et de la spatialisation du rafraîchissement que permet ce travail, des fonctions de monitoring, d'alerte et de pilotage domotique *via* un écosystème d'objets connectés peuvent être conçues pour améliorer le confort de vie et le bien-être des résidents. Le bureau d'études Resallience expérimente justement ces fonctions dans le cadre d'un projet européen, le projet H2020 PROBONO, qui ambitionne de développer et de monitorer des solutions digitales et technologiques d'atténuation et d'adaptation au changement climatique, par l'intermédiaire de jumeaux numériques.

Références

Archambeau, F., Méchitoua, N., & Sakiz, M. (2004). Code Saturne: A Finite Volume Code for the computation of turbulent incompressible flows – Industrial Applications. *International Journal on Finite Volumes*, *1*(1), http://www.latp.univ-mrs.fr/IJFV/spip.php?article3.

AUTODESK, & ESRI. (2022). *GIS and BIM Integration — A High Level Global Report* (Geospatial World).

Besir, A. B., & Cuce, E. (2018). Green roofs and facades: A comprehensive review. *Renewable and Sustainable Energy Reviews*, *82*, 915-939. https://doi.org/10.1016/j.rser.2017.09.106

Castellanos, L. A. (2022). *Déploiement des solutions fondées sur la nature en milieu urbain : Performance thermique et faisabilité urbaine à toutes les échelles.* http://www.theses.fr. http://www.theses.fr/s207117

Hajji, R., & Jarar Oulidi, H. (2021). GeoBIM: Towards a Convergence of BIM and 3D GIS. In *Building Information Modeling for a Smart and Sustainable Urban Space* (p. 77-93). John Wiley & Sons, Ltd. https://doi.org/10.1002/9781119885474.ch5

Hendel, M., Grados, A., Colombert, M., Diab, Y., & Royon, L. (2015). *Quel est le meilleur revêtement pour limiter la formation des îlots de chaleur urbains ?* 8.

IPCC. (2022). *Climate Change 2022: Impacts, Adaptation and Vulnerability* (p. 3675). https://www.ipcc.ch/report/sixth-assessment-report-working-group-ii/

Leal Filho, W., Echevarria Icaza, L., Neht, A., Klavins, M., & Morgan, E. A. (2018). Coping with the impacts of urban heat islands. A literature-based study on understanding urban heat vulnerability and the need for resilience in cities in a global climate change context. *Journal of Cleaner Production*, *171*, 1140-1149. https://doi.org/10.1016/j.jclepro.2017.10.086

Mirzaei, P. A., & Haghighat, F. (2010). Approaches to study Urban Heat Island – Abilities and limitations. *Building and Environment*, *45*(10), 2192-2201. https://doi.org/10.1016/j.buildenv.2010.04.001

Oke, T. R. (1981). Canyon geometry and the nocturnal urban heat island: Comparison of scale model and field observations. *Journal of Climatology*, *1*(3), 237-254. https://doi.org/10.1002/joc.3370010304

Péré, A. (2015). Les villes face aux îlots de chaleur. In *Villes et changement climatique* (Bibliothèque maison ; Parenthèses, p. 260-274). Jean-Jacques Terrin.

Wang, W., & Shu, J. (2020). Urban Renewal Can Mitigate Urban Heat Islands. *Geophysical Research Letters*, *47*(6), e2019GL085948. https://doi.org/10.1029/2019GL085948

Yang, H., Yang, K., Miao, Y., Wang, L., & Ye, C. (2020). Comparison of Potential Contribution of Typical Pavement Materials to Heat Island Effect. *Sustainability*, *12*(11), 4752. https://doi.org/10.3390/su12114752

Syntaxes urbaines locales et règles territoriales dans la conception de la forme urbaine par le City Information Modelling

Luca Maricchiolo[1]

[1] Laboratoire d'urbanisme « Lab'Urba », Université de Paris-Est Créteil
14-20 boulevard Newton, Cité Descartes, 77420 Champs-sur-Marne
luca.maricchiolo@u-pec.fr

Résumé

La transition numérique dans les domaines de la conception et de la construction, des bâtiments et des travaux publics, par l'adoption des processus BIM, a entraîné l'implémentation d'outils numériques pour l'urbanisme qui ont été définis, par analogie, de City Information Modelling. Le CIM se situe à l'intersection entre BIM et GIS, proposant des procédés de conception et de gestion urbaines intégrant, parmi d'autres, les domaines de la forme urbaine, des bâtiments, des espaces publics, du climat, de l'empreinte écologique, des flux, des activités, des réseaux. Une revue de littérature aborde l'état du développement de procédés conceptuels issus des études de morphologie urbaine, focalisant l'écriture de syntaxes de projet exploitables dans des applicatifs CIM de conception générative. Le présent article explore ainsi, d'un point de vue théorique, le potentiel et les défis d'une ultérieure intégration entre conception générative et morphologie urbaine, évoquant, dans le modèle historique des unités de voisinage, une piste pour la modélisation de syntaxes urbaines et d'indicateurs locaux dans le cadre holistique de la transition écologique.

Mots-clés

City Information Modelling, conception urbaine, morphologie urbaine, unités de voisinage

Abstract

The digital transition in the fields of building and public works through BIM processes is driving a progressive implementation of digital tools for urban planning and design. These have been defined, by analogy, as City Information Modelling. CIM is at the intersection between BIM and GIS, offering urban design and management tools relating the domains of urban form, buildings, public spaces, flows, activities, networks. A literature review concerns the development of design grammars in the field of urban morphology, focusing on morphological grammars for CIM generative design applications. Thus, this explores from a theoretical point of view the potential and the challenges of a further integration between generative design and urban morphology. Finally, it advises the historical model of neighbourhood units as a track to improve local urban syntaxes and indicators within the holistic framework of sustainable cities.

Keywords

City Information Modelling, Urban Design, Urban Morphology, Neighbourhood Units

1.   Introduction

La tension entre la liberté créative de la conception et la normalisation des solutions des formats standards du Building Information Modelling (BIM) repose sur la nécessité de rationalisation de l'industrie du bâtiment. Aussi libres et variées que soient les formes et les solutions technologiques que l'architecture contemporaine propose, la construction est fondamentalement un processus d'assemblage d'éléments, préfabriqués, réalisés en œuvre ou conçus spécifiquement, dont la nécessité de normalisation se traduit, dans le lexique du BIM, dans la codification des différents genres de *familles* de projet. La limitation à la créativité que, inévitablement, la normalisation IFC opère (Bourreau *et al.*, 2020) se résout dans l'acceptation que la pratique constructive se détache de plus en plus de la dimension artisanale, pour se rapprocher des logiques industrielles. Le BIM ne fait que matérialiser la prise de conscience des concepteurs qu'un projet est l'assemblage d'un ensemble fini, bien que très nombreux, d'unités élémentaires, spatiales, matérielles ou constructives, comme, par ailleurs, il est normé depuis des décennies par les manuels de l'architecture (Neufert, 1936).

Le projet urbain, en revanche, ne résulte pas d'une opération d'assemblage, mais d'une création de configurations spatiales. Il se nourrit d'éléments normalisés, tels que les réseaux, les voies, les objets, cependant la conception de la structure et de la forme urbaine opère par la composition de masses qui ne relèvent pas d'une collection prédéfinie.

Le développement d'outils numériques adaptés au projet urbain ressent de l'absence d'une grammaire d'objets tridimensionnels prédéfinis. Les différentes plateformes SIG ne proposent pas, à la base, de boîte à outils spécifiques à la conception, étant basées sur des éléments abstraits, tels que des points, des lignes et des polygones. D'où la nécessité d'étoffer les SIG avec des outils tridimensionnels basés sur des figures syntaxiques du projet urbain, ce qui définit le périmètre et le potentiel du City Information Modelling (CIM) (Stojanovski, 2018). Initialement mentionnée en référence à la gestion de la réponse aux catastrophes en milieu urbain (Khemlani, 2005), la notion de CIM a été ensuite généralisée pour identifier les éléments tridimensionnels constituant un territoire urbanisé, visualisés dans l'espace avec leurs relations et associés à des informations (Stojanovski, 2013). Par conséquent, le CIM décrit l'ensemble des processus de modélisation et des modèles intégrés pour concevoir, gérer et évaluer un projet urbain (Duarte *et al.*, 2012).

L'horizon théorique du City Information Modeling est le déploiement d'un outil de support à la smart city, intégrant des informations multidimensionnelles au projet urbain ; cependant, l'implémentation de systèmes d'aide à la planification (PSS) basés sur l'intégration de données et la conception collaborative garde toujours un potentiel inexploité (Gil, 2020). L'absence d'une architecture dédiée et l'ambiguïté d'approche, situant le CIM entre l'analogie au BIM élargi à l'échelle du quartier et l'extension sémantique du SIG (Gil, 2020), montrent la nécessité d'un saut de paradigme, visant à définir des catégories propres pour le City Information Modelling dans les multiples dimensions qui concernent l'urbanisme.

Cet article questionne l'intégration disciplinaire entre morphologie urbaine et City Information Modelling dans le contexte général du développement durable. Il focalise l'état du développement d'outils dédiés à la conception paramétrique de la forme urbaine en environnement CIM, s'intéressant au potentiel d'intégration de données environnementales dans le processus conceptuel. L'article se base sur une revue de la littérature sur le développement d'outils CIM relevant du domaine de la morphologie urbaine, sur la définition d'une ontologie générale de la morphologie urbaine et à l'implémentation d'algorithmes génératifs spécifiques.

Le CIM est ici appréhendé en tant qu'outil de conception paramétrique basé sur des données spatiales et associé à des données non spatiales, pour construire une réflexion autour de trois hypothèses : (i) l'adoption d'une méthodologie ascendante de projet, se basant sur des syntaxes locales comme unités fondamentales du processus ; (ii) le rattachement au concept de voisinage comme prisme d'entrée de la conception générative ; (iii) l'intégration de données environnementales issues du BIM pour l'évaluation à l'échelle de voisinage et l'optimisation de la morphologie urbaine. Un algorithme génératif est présenté en conclusion pour discuter du potentiel des outils pour l'optimisation du projet de la forme urbaine en relation à l'empreinte écologique de l'espace bâti et à l'adaptation aux changements climatiques.

2.   City Information Modelling et conception paramétrique

Le fondement des outils BIM est la modélisation par objets liée à une base de données informatives. La construction du modèle géométrique est le résultat d'un processus d'élaboration d'informations intégrées au modèle selon deux modalités complémentaires : des données sont incorporées dans la définition des objets et en régissent la configuration, acquérant le rôle de paramètres ; d'autres sont associées aux objets, constituant un calque supplémentaire.

Un outil CIM devrait, à terme, proposer un fonctionnement analogue de modélisation paramétrique par objets, dont les données multidimensionnelles, sémantisant le projet, constituent le niveau d'*input* brut, ou *data layer* (Gil, 2020). L'élaboration des données en informations, l'association de noyaux informatifs et leur hiérarchisation construisent un modèle paramétrique, qui est, par conséquent, sensible à la variation des paramètres : modifiant une donnée ou une règle associative, c'est le système en entier qui change. Un tel modèle est aussi géométrique (puisqu'il simule une forme dont il offre différentes vues), que mathématique, puisqu'il résulte de la combinaison d'une série de paramètres d'entrée organisés par des règles (Saggio, 2010).

La modélisation paramétrique permet ainsi de représenter des entités géométriques ayant des attributs éditables et des relations établies par des moyens d'association, dont l'éventuelle variation génère différentes solutions du modèle (Turrin *et al.*, 2015). De plus, le processus de transformation des données en informations, et des informations en modèles, est bidirectionnel, car les modèles produisent à leur tour des données, qui peuvent être évaluées et utilisées comme de nouvelles entrées, dans un processus d'optimisation. Parmi les outils de conception assistée par ordinateur (CAO), plusieurs modalités d'association des informations au modèle sont proposées. Dans les applicatifs BIM (ArchiCAD, Revit), une catégorie d'informations (dimensionnelles, topologiques et constructives) définit la nature des objets, leurs géométries et leurs contraintes dans la construction du modèle ; d'autres sont associées, permettant une évaluation multidimensionnelle. Dans les systèmes de conception générative basés sur la modélisation associative (Grasshopper), toutes les informations sont incorporées dans le processus de morphogenèse. Leurs associations à d'autres informations sont possibles par des modules d'extension (Dynamo pour Revit) qui combinent la modélisation associative avec une couche d'information supplémentaire (Dautremont *et al.* 2019).

Le processus de conception paramétrique CIM s'appuie sur des entités géométriques – des *objets* – aux attributs indépendants – les *paramètres*. Objets, paramètres et relations relèvent des catégories ontologiques différentes, dont les inputs divers (informations spatiales, climatiques, liées aux flux, etc.) définissent les domaines d'application disciplinaire du CIM (morphologie, réseaux, mobilité, etc.). Leur intégration dans le modèle permet l'exploitation croisée et la mise en place de multiples démarches de simulation et d'optimisation.

L'approche paramétrique est une condition nécessaire à l'optimisation en phase projet. Un modèle urbain constitué d'objets paramétriques est susceptible de saisir, en retour, des données relatives, par exemple, aux impacts environnementaux, tels que la consommation d'eau, la production de polluant et déchets, la consommation énergétique, le microclimat urbain. L'évaluation de ces *feedbacks* établit un cycle rétroactif en phase conceptuelle : les indicateurs saisis permettent de revenir sur les paramètres d'entrée dans un processus récursif d'optimisation par le biais d'opérations de calibrage et d'approximation vers un résultat souhaité. L'enchaînement paramètres-modèle-indicateurs permet également la visualisation en temps réel des effets des modifications.

3.   Le domaine de la morphologie urbaine

3.1.   Ontologie

La structure des informations associées à un modèle paramétrique est définie sur la base des ontologies propres aux différents domaines. La morphologie urbaine constitue l'une des dimensions interagissant dans un modèle intégré de type BIM ou CIM, et particulièrement celle qui régit la configuration des éléments. Ce domaine est défini par l'ensemble des objets qui le composent ainsi que des opérations possibles entre eux, soit par une grammaire et par une série de règles syntaxiques d'associations des éléments de grammaire. Les limites du domaine sont ainsi établies, de façon ascendante, par l'ensemble des configurations possibles au moyen de cette grammaire et de cette syntaxe.

L'ontologie caractérise la structure hiérarchique des *objets*, les classant en classes et sous-classes, de leurs *attributs* et *relations* possibles. Les objets sont des entités identifiables individuellement qui peuvent être instanciés ou manipulés ; les attributs indiquent les caractéristiques ou les paramètres des objets d'une classe ; les relations expriment la dépendance hiérarchique entre objets, en prédéfinissant le champ des associations possibles (Beirão et Duarte, 2018). Dans le domaine de la morphologie urbaine, l'objet ultime est la ville. L'ontologie de la morphologie urbaine comprend et organise l'ensemble des objets, attributs et relations nécessaires pour décrire exhaustivement la forme urbaine.

Une ontologie générique de la morphologie urbaine classe les éléments constitutifs par échelle (Kropf, 2014) : un tissu est constitué de bâtiments, de parcelles et de voiries. En principe, la combinaison de ces trois classes suffit à modéliser toute forme urbaine. Or, les études de morphologie urbaine montrent que les relations entre éléments jouent un rôle tout aussi important dans la morphologie, générant des types de règles de combinaison entre les éléments (Stajanovski, 2018). L'ontologie de la forme urbaine comprendra aussi des figures syntaxiques : la relation entre voiries générant un réseau ; la relation entre parcelles générant l'îlot ; la relation entre bâtiments, parcelles et voirie qui façonne la forme. Dans la ville contemporaine, l'échantillonnage d'objets ne s'arrête pas aux pleins et vides, envisageant d'autres figures qui échappent à la dichotomie rue/bâtiment et qui, pourtant, participent à la définition de l'espace urbain ainsi qu'à son fonctionnement systémique et écologique (Aymonino, Mosco, 2006). D'un côté, des objets relevant du projet de sol (Secchi, 1986, 2006) : syntaxes de la modélisation du sol, telles que dénivelés et topographies artificielles (Zambelli, 2006), modèles pour l'articulation du rez-de-ville (Mangin, Ferrand, 2019), équipements et espaces publics souterrains, infrastructures environnementales, dispositifs pour l'adaptation aux changements climatiques (Mangigrasso, 2019) ; de l'autre, une série d'objets urbains, imbriqués aux figures basilaires, comprenant la végétation, les bassins, les mobiliers urbains en général. De plus, l'ontologie de la forme urbaine, pour ne pas se réduire à la représentation planimétrique, doit présenter des niveaux aptes à la restitution de l'espace perçu, envisageant les notions de séquence urbaine (Cullen, 1961) ou d'élément d'identification (Lynch, 1960). L'ontologie proposée par Stojanovski (2019) inclut, à ce propos, des éléments perceptifs et relationnels, qui peuvent devenir des unités de base de composition urbaine (Caniggia, Maffei, 2008) : l'espace de la rue, l'espace entre les bâtiments, la façade du bâtiment sur rue. Il paraît pertinent d'intégrer des classes de figures à volume zéro et à forte relevance environnementale et paysagère, qui présentent une propre autonomie conceptuelle tout en relevant également du domaine de la morphologie (Table 1).

Table 1. Structure de la morphologie urbaine basée sur la structure générique (Kropf, 2014) et perceptive (Stojanovski *et al.*, 2021) pour inclure les éléments spatiaux non bâtis.

<table>
<tr>
<td colspan="10">Ville, tissu urbain</td>
</tr>
<tr>
<td colspan="7">Voisinage, Quartier</td>
<td rowspan="6">Dispositifs adaptifs, environnementaux</td>
<td rowspan="6">Modélisation du sol</td>
<td rowspan="6">Réseau viaire, infrastructures</td>
</tr>
<tr>
<td colspan="4">Îlot</td>
<td rowspan="2">Rez-de-ville</td>
<td rowspan="5">Front urbain</td>
<td rowspan="5">Espaces publics</td>
</tr>
<tr>
<td colspan="4">Parcelle</td>
</tr>
<tr>
<td colspan="2">Bâtiment</td>
<td rowspan="3">Façade</td>
<td rowspan="3">Espace ouvert</td>
<td rowspan="3">Rez-de-chaussée</td>
</tr>
<tr>
<td colspan="2">Étages</td>
</tr>
<tr>
<td>Pièce</td>
<td>Élément constructif</td>
</tr>
</table>

3.2.　Patterns de projet

La construction d'un algorithme de conception de la forme urbaine repose sur les opérations de combinaison des éléments fondamentaux codifiées par des patterns de projet (Alexander *et al.*, 1977). Un pattern de projet est un code qui décrit une opération typique de projet, dont l'ensemble, combiné, construit un modèle paramétrique. La série composant le pattern définit un prédicat identifiant un problème urbain typique pour lequel il propose une solution générique (Montenegro, 2011a). La solution générique est applicable au cas spécifique grâce au paramétrage des données d'entrée. Les patterns de projet décrivent ainsi des combinaisons d'éléments pour configurer des scénarios de conception, en codifiant les opérations de conception (Beirão *et al.*, 2011). La logique combinatoire et récursive des modèles leur permet d'être modifiés indéfiniment.

Des opérations CIM de morphologie urbaine peuvent être exécutées dans plusieurs environnements numériques. Un premier système de patterns génératifs a été développé en environnement SIG ; par sa nature, le SIG n'intègre pas de classes d'objets relevant du domaine de la morphologie, cependant, certaines extensions de modélisation générative, telles que CityEngine ou 3DCityGen, ont été développées à cet effet, se basant sur les normes CityGML, et elles ont été utilisées principalement dans la production de scénarios pour le *gaming*. L'extension de ces applicatifs SIG est limitée face à une utilisation réelle, n'incluant pas de boîte à outils conceptuelle suffisamment développée (Stojanovski, 2018) et décrivant des classes d'éléments trop simples pour une utilisation extensive (Montenegro, 2011b).

Une seconde hypothèse, examinée ci-après, considère la combinaison de données SIG avec des algorithmes génératifs ou moyens des outils de conception assistée par ordinateur (CAO) : la géométrie de la forme urbaine est ainsi paramétrée sur la base des données issues du SIG et régie par des règles topologiques et des paramètres d'entrée indépendants. Le logiciel de CAO (Autodesk, ou Rhinoceros3D avec l'applicatif de programmation visuelle Grasshopper) peut importer des données SIG, les visualiser géométriquement ou les utiliser pour la modélisation associative *via* des patterns de conception prédéfinis. Une telle synthèse entre information SIG et modélisation CAO constitue également un système de CIM, puisqu'elle produit un modèle urbain géométrique spécifique sur la base de données utilisées comme *input* (Beirão, 2012) ; cependant, il ne s'agit pas d'un modèle paramétrique par objets, relevant d'une grammaire disciplinaire, car les patterns CAO restent, en effet, des entités géométriques.

L'horizon de développement d'un pattern CIM envisagerait, à terme, l'adoption d'un système de modélisation paramétrique par objets, empruntée à l'architecture BIM, basée sur des classes spécifiques à la conception urbaine (Stojanovski *et al.*, 2021). Mise à part l'adoption de données géographiques d'entrée, la possibilité de sémantiser des patterns de conception générative plus étendus, tels que ceux qui ont été développés en environnement CAO, permettrait la mise en place d'une démarche d'optimisation du modèle morphologique en relation à des informations multidimensionnelles.

3.2.1. Public space patterns

Les Public Space Patterns (PSP) désignent des algorithmes de conception à l'échelle de l'espace public (Montenegro 2011a). Le codage des PSP consiste en trois opérations fondamentales : la définition d'une structure opérationnelle de base, telle qu'un terrain importé du SIG ; la définition des classes d'objets utilisés ; la programmation des règles algorithmiques pour les utiliser, focalisant notamment les opérations de sélection et localisation du pattern.

Cinq dimensions sont identifiées pour la définition des classes d'objets : objets urbains, fonction, matériaux, forme, mobilité (Montenegro 2011a), chacune associée à une ontologie de référence. Le pattern, étant multidimensionnel, permet d'associer entre eux des informations issues de plusieurs domaines disciplinaires avec leurs propres ontologies.

L'ontologie de la dimension morphologique a été développée en identifiant six types de places, qui deviennent les objets génériques du pattern : la place géométriquement structurante, la place résultant d'un îlot manquant, la place résultante d'une soustraction à l'îlot, la place résultante d'une soustraction aux angles, la place résultant d'une soustraction interne à l'îlot, la place résultante des irrégularités géométriques de la trame. Sur la base de cette ontologie, le pattern opère par (1) le choix de l'emplacement de la place sur le terrain extrait du support SIG ; (2) le choix du type de place à utiliser et la subséquente génération de la trame urbaine.

La sémantisation du processus morphogénétique se fait au moment du choix du type et de la localisation de la place, interreliant des données contextuelles, des paramètres génétiques définissant le type, des paramètres qualitatifs pour la durabilité (Monténégro, 2010), des descripteurs géométriques de la forme de l'espace (Beirão *et al.*, 2011), des propriétés sémantiques de ces paramètres (Gil *et al.*, 2012). La place – dans ses cinq dimensions des objets urbains qu'elle va accueillir, des fonctions qui l'animent, des matériaux, de la forme et de l'accessibilité dont elle est pourvue – est l'unité fondamentale du processus génératif.

3.2.2. Urban induction patterns

Un second pattern génératif, développé sur la base d'une référence SIG, opère en environnement CAD (Beirão *et al.*, 2011, Beirão, 2012) pour la modélisation générative des tissus urbains. Focalisés sur la morphologie urbaine, les Urban Induction Patterns (UIP) proposent une boîte à outils de conception urbaine contrôlée par des paramètres tels que la trame du tissu, la géométrie et la localisation des places (ou focal points), les dimensions de l'espace vide, les dimensions de l'espace bâti. Les morphologies générées peuvent être optimisées par rapport à une série d'objectifs exprimés en valeurs numériques, par exemple sur une feuille Excel, que l'application calcule sous forme d'indicateurs.

L'outil CityMaker (Beirão, 2012), qui exploite les UIP, est une de deux différentes applications CAD : le logiciel Autodesk Civil3D de dessin et modélisation assistée par ordinateur, et les logiciels Rhinoceros3D et Grasshopper pour la modélisation générative. L'approche conceptuelle est structurée sur les syntaxes des espaces vides – axes, trames, places, parcours, promenades – hiérarchisés quant aux dimensions et relations au tissu. Elle privilégie une approche descendante, bien que certains outils suggèrent une composition par approche ascendante. Le pattern concerne uniquement la dimension morphologique, prévoyant les outils pour : créer des axes structurants ; créer le complément du réseau viaire, transformer le réseau viaire ; créer des espaces publics et insérer des places sur la base de l'ontologie des Public Space Patterns (Montenegro, 2011a) ; créer ou modifier des unités urbaines : îlots, groupements de bâtiments, unité de voisinage ; détailler le tissu en attribuant une fonction (sans pour autant envisager une multidimensionnalité du model). La structure des Urban Induction Patterns constitue une grammaire générique de la ville (Beirão et Duarte, 2018).

3.3.   Les objets de la morphologie urbaine (*urban blocks*)

Les patterns génératifs examinés envisagent le développement de boîtes à outils de conception reposant sur une vaste gamme d'objets urbains. Les algorithmes génèrent des formes urbaines sur la base d'objets disciplinaires, qui peuvent être associés à des données non spatiales, adoptant les informations géographiques importées du SIG pour définir le cadre opérationnel des patterns.

Tout en opérant dans le domaine de la morphologie, les patterns focalisent un niveau hiérarchique de l'ontologie comme point d'entrée basé sur des paramètres indépendants : c'est le cas des places publiques pour les PSP (Montenegro, 2011a) et plus globalement des trames pour les UIP (Beirão *et al.*, 2011). D'autres recherches ciblent la composition de l'îlot (UrbanGen : Berta *et al.* 2020 ; Wang *et al.*, 2020) en proposant des algorithmes multidimensionnels qui relient des données de programmation urbaine à la morphogenèse de l'îlot. Le développement d'une plateforme CIM dédiée à la conception générative vise, à terme, une palette d'objets plus étendue, couvrant la plage des éléments fondamentaux aux agrégations plus complexes (Stojanovski, 2019). Si les premiers – rue, bâtiment, parcelle et leurs agrégations primaires : trames, places, îlots – peuvent théoriquement décrire, à travers un paramétrage adéquat, l'ensemble des modèles urbains, la littérature sur la morphologie a montré le rôle morphogénétique joué par des syntaxes locales plus complexes. Particulièrement, l'approche perceptive à la ville, issue de plusieurs études (Jacobs, 1961, Lynch, 1960, Lynch, 1981), a montré l'importance fondatrice des espaces relationnels et des caractéristiques particulières qui leur sont attribuées. Par conséquent, afin de permettre également une composition basée sur les unités perceptives, la gamme d'objets dans un modèle CIM dépasse l'élément fondamental pour comprendre des unités élémentaires constituées d'objets imbriqués. Todor Stojanovski propose (Sotjanovski, 2013) de définir l'objet paramétrique composant le CIM *urban block* : les *urban blocks* sont des espaces cognitifs, interconnectés les uns aux autres, composant des séquences, dotés d'une frontière étanche et d'un ou de plusieurs accès qui en définissent les connections (Stojanovski, 2013). Une unité élémentaire aussi définie est une unité syntaxique, définissant des règles compositionnelles internes et comprenant des éléments fondamentaux (rue, parcelle, bâtiment) ainsi que d'autres éléments d'une ontologie enrichie, tels que des aménagements urbains, végétation, dispositifs d'adaptation qui participent à leur définition formelle. Les unités syntaxiques sont régies par des paramètres indépendants qui concernent tant les éléments imbriqués que les règles d'agrégation.

4. Vers la conception ascendante de la forme urbaine

La conception par le City Information Modelling ouvre un espace de recherche sur la composition ascendante de la morphologie urbaine, procédant de l'unité élémentaire à l'unité syntaxique, de cette dernière au tissu. Les applications examinées privilégient la logique descendante, retraçant la méthode de conception classique qui, à partir des éléments contextuels (SIG) et programmatiques (paramètres), définit une structure urbaine (UIP) et des configurations morphologiques locales portant sur l'îlot (UrbanGen) ou l'espace public (PSP).

À côté, « la conception urbaine ascendante mérite une certaine attention, car le mode génératif est cohérent avec l'évolution naturelle des réseaux organiques. Il n'y a pas d'intérêt particulier à générer des grilles en mode ascendant si le résultat final est un gabarit similaire aux pratiques descendantes, à l'exception de l'exploration morphologique d'autres types de grilles. Si la conception générative ascendante est utilisée comme algorithme de composition du plan, dont les qualités de la trame générale peuvent être garanties par des règles intégrées dans le modèle, alors les modèles ascendants acquièrent définitivement un intérêt particulier pour l'élaboration de plans d'urbanisme. De plus, l'analyse spatiale des grilles organiques a montré qu'il existe des caractéristiques morphologiques intégrées dans la structure topologique qui sont responsables des qualités acclamées et de l'activité sociale positive dans ce type de tissu urbain. Par conséquent, l'exploration morphologique des grilles basée uniquement sur la génération ascendante peut être une approche valable pour améliorer la qualité des grilles planifiées » (Beirão, 2012, p. 131. Traduction de l'auteur).

Comparé à l'histoire des formes urbaines, le mécanisme de composition par des procédés ascendants n'est pas nouveau : le tissu urbain traditionnel se développe par addition d'unités et de syntaxes élémentaires, selon des règles exprimées géométriquement par les tracés (Caniggia, Maffei, 2008 ; Muratori, 1963 ; Micara, Petruccioli, 1996 ; Psarra, 2018). La ville organique est structurée par une série de mécanismes locaux d'auto-organisation (Bertuglia, Staricco, 2000), dont l'ordre, non planifié, émerge de la sédimentation d'une myriade de choix locaux faits en réponse à un ensemble restreint de besoins qui s'organisent à l'échelle locale et se reproduisent à l'échelle urbaine selon un schéma relationnel de type fractale. (Donato, Lucchi Basili, 1996). Le processus de croissance décrit par Caniggia et Maffei, par exemple, postule la réitération d'un même principe d'implantation le long du chemin matriciel, des chemins transversaux, des chemins de connexion. Ces trois phases récursives conservent la même relation topologique, tant en ce qui concerne la relation bâtiment-parcelle-rue, qu'en ce qui concerne la contiguïté de la juxtaposition qui alimente le processus de croissance. La persistance des syntaxes locales dans la structure urbaine organique suggère la possibilité de sa systématisation par un algorithme basé sur les unités et relations de base, afin de constituer une unité syntaxique élémentaire caractéristique et reproductible de façon récursive.

4.1. Les unités syntaxiques de base

Les catégories d'enquête de la morphologie urbaine permettent d'identifier différentes syntaxes locales composant une taxonomie d'*urban blocks* ou d'unités syntaxiques élémentaires. La taille de ces unités grandit proportionnellement à leur valeur informative : une unité plus complexe associe des informations relatives aux activités, aux flux, aux conditions environnementales qui ne sont pas détectables à l'échelle élémentaire.

(i) La juxtaposition des maisons. La syntaxe la plus élémentaire pour faire une ville est la juxtaposition de maisons le long d'un chemin. La bande des maisons mitoyennes résultante est une typologie urbaine dont les constantes morphologiques et typologiques peuvent être décrites par des paramètres : (a) relationnels, ou topologiques, tels que l'emprise quadrilatère, la topologie des côtés opposés, l'alignement au parcours ; (b) géométriques et dimensionnels (Conde-Garcia, 2018). La composition le long des chemins s'adapte à toute géométrie, formant des îlots homéomorphes à un polygone régulier dont la frontière externe est constituée par un front et l'épaisseur s'organise dans l'enchaînement rue-maison-cour-cour-maison-rue (Caniggia et Maffei, 2008).

(ii) L'îlot. La deuxième unité élémentaire (Stojanovski *et al.*, 2021) replie la juxtaposition linéaire sur un périmètre fermé (Caniggia et Maffei, 2008). La composition de l'îlot est définie par des patterns imbriqués qui régissent l'agencement des bâtiments. Un algorithme génératif peut également régir la composition interne de l'îlot, sur la base de paramètres comme la densité, les hauteurs, l'occupation du sol, les relations entre les bâtiments et la rue (Berta *et al.*, 2020). La réitération de l'îlot compose une trame de façon ascendante, comme il est le cas dans certains Urban Induction Patterns génératifs (*AddingUUnit>AddingBlockType*, Beirão *et al.* 2011). Des variations peuvent être prévues en fonction des relations entre les îlots, selon un principe théorique proche du concept de concaténation architecturale formulé par Christian de Portzamparc dans le plan de masse du quartier Masséna à Paris.

(iii) La morphologie de la rue. L'épaisseur de la rue et de ses deux fronts, comme le suggèrent indirectement Jacobs et Maffei, peut être assumée comme unité syntaxique de base ayant de relations topologiques fixes : la continuité des fronts, la disposition orthogonale des parcelles, la présence d'une cour subdivisée sur l'arrière du bâtiment. Un pattern basé sur l'épaisseur bâtie de la rue produit une modélisation générative des chemins, dont l'espace résiduel est automatiquement attribué à l'arrière-cour (Stojanovski *et al.*, 2021).

(iv) La morphologie de la place. Les Public Space Patterns (Montenegro, 2011a) focalisent la place, avec son épaisseur bâtie, comme unité syntaxique élémentaire. Les différentes figures de la morphologie des places, issues de l'histoire de la ville européenne (Sitte, 2007 [1889]), peuvent proposer un formidable enrichissement de l'ontologie des espaces publics, dont les rues d'accès constituent les connexions entre urban blocks dans une approche ascendante.

(v) L'unité de voisinage. Comme il est esquissé par les Urban Induction Patterns, un point d'entrée pour la conception générative ascendante est potentiellement l'unité de voisinage. L'outil de création d'unités urbaines (*AddingUUnits>AddingNeighbourhood*) définit les paramètres nécessaires à la création d'une unité, dans le but de l'exploiter pour une démarche ascendante. Cependant, « la conception ascendante nécessite d'autres explorations et essais, notamment dans la mise en œuvre. Par exemple, des questions complexes pour la définition des structures de voisinage vont demander d'ultérieures recherches dédiées » (Beirão, 2012, p. 132. Traduction de l'auteur).

Les unités syntaxiques de la ville organique font également l'objet d'une sémantisation ultérieure liée aux données contextuelles : la définition des règles d'assemblage et des formes types repose sur une mémoire partagée des contraintes climatiques et topographiques, telles qu'elles s'explicitent dans la modélisation du sol, la géométrie des tracés, le degré d'ombrage, l'ouverture ou la fermeture sur le paysage. Comme l'explique Bernardo Secchi (Secchi, 2006), l'un des facteurs de succès de la forme urbaine traditionnelle est la cohérence établie entre espace bâti et environnement naturel : le confort sensoriel de Piazza del Campo à Sienne repose sur la douceur de la pente, sur le dessin des ombres, sur la rétention de la chaleur solaire, opérée par la coque des maisons en bande.

5. L'unité de voisinage : un modèle théorique pour la conception générative ascendante

Le concept d'unité de voisinage a imprégné la culture du projet urbain du XXe siècle, se révélant comme un outil pour maîtriser la grande échelle de l'urbanisme et en assurer la qualité capillaire (figure 1).

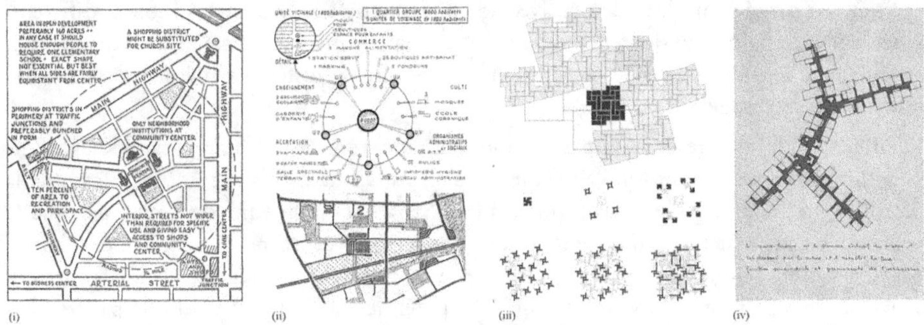

Figure 1. Le concept de voisinage proposé par différentes visions urbaines :
(i) C. Perry ; (ii) M. Ecochard ; (iii) P. Blom ; (iv) Team X

Initialement codifié par Clarence Perry à l'occasion du plan de New York en 1929 (Perry, 1998 [1929]), le pattern de l'unité de voisinage s'est révélé un diagramme de référence pour la localisation des équipements locaux dans de grandes agglomérations.

La question du grand nombre s'affirme dans le débat moderne après la Seconde Guerre mondiale. L'idée de gérer la ville par la décomposition en plus petites unités ressort, selon des trajectoires diversifiées, mais convergentes, pour articuler échelle humaine et échelle urbaine. Au CIAM IX, Georges Candilis présente les solutions de conception adoptées par le service de l'urbanisme, dirigé par Michel Ecochard au Maroc, basées, entre autres, sur une organisation territoriale en unités de voisinage. Ecochard écrit (Ecochard, 1955) qu'il s'est librement inspiré du modèle de Perry comme d'un outil pratique pour gérer la grande échelle numérique et spatiale de l'habitat à construire. L'agrégation des logements et des équipements suit une progression logique rigoureuse de l'échelle locale à l'échelle métropolitaine, accompagnée d'une organisation de l'espace urbain autour des noyaux centraux. Non secondaire est la référence fréquente d'Ecochard à la ville traditionnelle, dans laquelle un principe récursif d'organisation de l'espace se lit en filigrane, de la maison à la médina (Maricchiolo, 2020).

Sur le plan formel des schémas génératifs et des structures territoriales, l'apport le plus intéressant vient du débat alimenté par le Team X (Avermaete, 2006).

Aldo Van Eyck a développé la discipline de la configuration dans les années 1950 comme une recherche des principes de base de l'harmonie et de l'échelle humaine dans le problème du grand nombre (Van Eyck, 1962). En opposition à certaines simplifications du début de la modernité, l'idée du pattern émerge, dans le débat théorique, comme un outil opérationnel et conceptuel pour mettre en relation l'espace bâti et le vide, les activités et les espaces, l'échelle locale et l'échelle globale, à travers une configuration organique. Une proposition remarquable pour la clarté et la linéarité du dispositif provient du projet de fin d'études de Piet Blom, encadré par Van Eyck à l'Académie d'architecture d'Amsterdam en 1962. La proposition de Blom est conceptuellement un algorithme urbain génératif, même s'il ne l'est pas dans les faits. Elle repose sur une géométrie fractale, codifiée quelques décennies avant que cette expression ne devienne courante en analyse urbaine (Strauven, 1998). Blom propose une agrégation composée d'unités de voisinage qui définissent, par leur syntaxe locale, la règle récursive de développement territorial. La succession d'espaces, qui interprète les séquences urbaines de la vieille ville d'Amsterdam, se déplie dans une structure géométrique centrifuge basée sur l'articulation des centres aux différentes échelles. L'unité fondamentale permet de nombreuses variations locales sur une même structure, qui définit les frontières de l'unité, les accès et, par conséquent, les relations avec les unités contiguës. La superposition de différents schémas de configuration définit cinq patterns associatifs : maison, cluster, voisinage, quartier et secteur, interprétant la ville comme une succession de différents niveaux d'association humaine (Palacios Labrador, 2014).

Le projet de Blom représente un pas en avant par rapport au *mat-building*, car il s'agit d'une structure autonome et autosimilaire. En outre, dans le but d'élaborer une ontologie de la morphologie urbaine pour l'environnement CIM, il est intéressant de remarquer que le pattern n'est pas structuré par les voiries, mais par les relations entre les espaces. L'élément de base est défini comme un espace cognitif avec une frontière, une entrée et une sortie, qui articulent les connexions aux autres unités. Le potentiel génératif est confirmé par les ultérieures adoptions du modèle pour d'autres projets ; cependant, le modèle reste très rigide, ce qui lui a valu des critiques de la part d'autres membres du Team X (Strauven, 1998).

Pour la recherche des patterns urbains, il y a certainement beaucoup à puiser dans les recherches structuralistes du Team X, dont les propos semblent puiser dans la structure logique des algorithmes génératifs. À travers l'analyse des catégories d'éléments et de relations de la ville historique, le travail du Team X se désavoue de l'idée que la conception vise un *unicum* urbain, pour suggérer une pensée systémique faite de syntaxe, d'éléments de base, d'organisation et de règles, pour la gestion de l'espace et des séquences temporelles (Candilis, 1965). Si les perspectives de Cullen et Lynch peuvent nourrir l'ontologie de la ville, elles conservent une dimension essentiellement phénoménologique. En revanche, Georges Candilis, Alexis Josic et Shadrach Woods ont investigué la dimension structurale, proposant, notamment dans la figure de la rue, l'unité élémentaire d'un schéma génératif souple et adaptable à différents projets (Avermaete, 2006). La rue n'est pas seulement un espace, mais un écosystème local, un champ de relations façonnant la participation écologique de ses habitants. Aussi émerge, dans les recherches du Team X, la dimension multidimensionnelle du voisinage, comprenant formes, connexions, activités et sémantique, qui se pose en défense de l'humanisation de l'espace de la ville et à garantie de l'équilibre entre performances à l'échelle globale.

6.   Syntaxes locales et règles territoriales

Les recherches théoriques sur l'unité de voisinage constituent un socle important pour enrichir l'ontologie de la forme urbaine et une base pour développer des patterns de projet structurant la syntaxe interne et les règles de composition générative. Restreignant l'objet d'étude à la composition de la forme urbaine, on va présenter une application générative ascendante basée sur l'échelle de voisinage. Ensuite, une réflexion mettant en relation le pattern génératif, expérimenté avec les informations relevant de l'empreinte écologique, du microclimat urbain et de l'adaptation aux changements climatiques, suggère la sémantisation du modèle par des informations environnementales, mettant en exergue le potentiel d'une démarche d'optimisation basée à l'échelle de voisinage.

6.1. Un pattern pour la composition ascendante de la forme urbaine

Le pattern ici présenté est issu d'un modèle théorique de composition ascendante basée sur la syntaxe locale de l'unité de voisinage et sur sa composition récursive par des règles territoriales. Il a été développé en environnement CAO, par le logiciel Rhinoceros3D et le langage de programmation visuelle Grasshopper. C'est un pattern morphologique simplifié, entendu comme outil pour avancer des hypothèses sur la composition ascendante et des pistes de recherche pour sa sémantisation multidimensionnelle dans le cadre du CIM.

L'unité syntaxique est définie par des syntaxes locales associant des unités élémentaires imbriquées, régies par des paramètres indépendants (figure 2) :

(i) syntaxes locales :

- structure urbaine : système de trois places, constituées d'une frontière et de quatre accès qui associent, par défaut, les unités élémentaires imbriquées ;
- connexions : la multiplication des places génère des connexions entre les accès plus proches, auxquelles sont également associées les unités élémentaires ;

(ii) unités élémentaires imbriquées :

- place : tracé régulateur défini sur la base d'un paramétrage indépendant : localisation, niveau hiérarchique, forme, taille ;
- front urbain : défini par la composition de bâtiments ordinaires (maisons mitoyennes ou immeubles de rapport) le long d'un tracé linéaire. La syntaxe du front est régie par des paramètres indépendants : largeur de l'espace-rue, épaisseur du bâti, hauteur des bâtiments, tailles des parcelles ;
- repère urbain : bâtiment extraordinaire défini sur la base d'un objet indépendant ;
- aménagement des espaces publics : aménagement végétal, dont la densité est définie en relation à la morphologie de la place. L'association à une base de données extérieure attribue des options d'essences. Paramètres indépendants : taux d'ombre souhaité en relation au contexte géographique ;

(iii) règles combinatoires territoriales :

le développement territorial suit la syntaxe locale, procédant par la génération d'autant de places et de connexions que défini en phase de conception. La série de points d'accumulation peut être définie manuellement, suivre des données géographiques, ou bien être régie par un algorithme.

L'unité syntaxique est ainsi définie comme système de places connectées, gravitant autour d'un point d'accumulation principal. Le paramétrage indépendant est restreint au tracé syntaxique principal, tout en gardant la possibilité d'agir localement sur la définition des unités élémentaires, qui, en guise des *familles* BIM, deviennent des composants modifiables au sein d'une organisation régie paramétriquement.

La définition de la localisation des points focaux comme paramètre dépendant est la clé du passage à une approche entièrement ascendante. La disposition des points d'accumulation sur le territoire peut suivre un algorithme serial (croissance paratactique) ou fractal (croissance hypotactique), défini en fonction des relations entre les trois points de l'unité de base. Étant donné l'ouverture opérationnelle concernant les unités élémentaires, l'algorithme génératif n'agit que sur les directions du développement urbain par le biais de la localisation des unités.

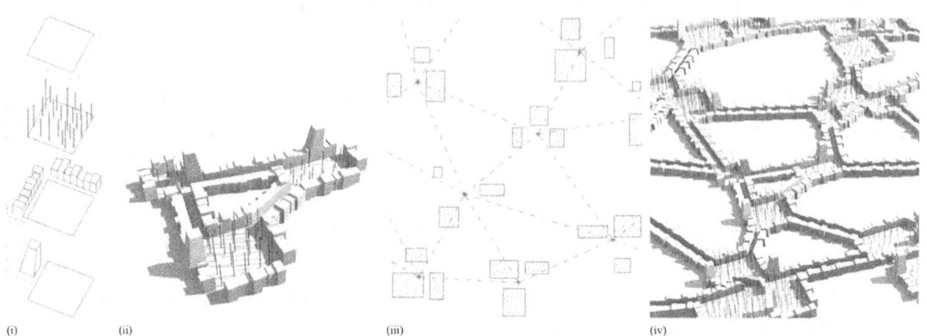

Figure. Pattern morphologique : (i) unités élémentaires ; (ii) composition de l'unité par la syntaxe locale ; (iii) règle combinatoire : les paramètres indépendants, tels que la localisation, la taille de l'unité et les dimensions des places sont ici aléatoires ; (iv) composition territoriale

6.2. Synergies environnementales à l'échelle de voisinage

L'adoption d'un algorithme génératif basé sur l'échelle de voisinage est pertinente pour une évaluation des performances environnementales de l'espace bâti, qui dépasse la graine trop fine du bâtiment et qui, pourtant, peut se baser sur des échantillons suffisamment homogènes.

Le développement du BIM 6D portant sur l'empreinte écologique (Dautremomnt *et al.*, 2019) ainsi que l'intégration des démarches de contrôle du cycle de vie du bâtiment dans le BIM (Marrero *et al.*, 2020) envisagent une exploitation toujours plus poussée des modèles informatifs de l'espace bâti. L'objectif de l'optimisation, en phase projet, de la morphologie du bâtiment et de la ville par rapport aux simulations environnementales repose sur l'intégration de démarches récursives et informatives dans les outils de planification. Une piste, dans ce sens, offrent les démarches génératives en Revit (Dynamo et Revit Generative Design), qui permettent l'intervention rétroactive sur la modélisation par rapport aux données produites à l'issue d'une simulation BIM (par exemple, la dispersion thermique, le dimensionnement structurel, la simulation de l'accessibilité).

Des aspects relevant de la relation entre forme bâtie et empreinte écologique peuvent aussi bien être évalués à l'échelle du quartier, saisissant synergies et compensations possibles. La constitution d'une unité environnementale liée à l'échelle de voisinage permettrait ainsi un bilan plus consistant de différents volets : artificialisation des sols, besoins énergétiques, consommation d'eau, production de déchets, émission de polluants, îlot de chaleur, adaptation aux changements climatiques. Des démarches d'optimisation peuvent être envisagées à ces sujets :

–   l'optimisation de la localisation des unités de voisinage et des places en relations aux simulations de flux et à l'optimisation de l'accessibilité aux équipements de proximité dans le cadre de la vision holistique de la ville du quart d'heure (Lima *et al.*, 2022) ;

- l'optimisation des unités élémentaires morphologiques, par le biais des proportions des espaces ouverts, de la forme, des relations de contiguïté ou de la distance et de l'orientation des éléments bâtis face aux simulations du microclimat urbain ;
- l'optimisation des unités élémentaires d'aménagement urbain, telles que la végétation, les bassins d'eau, les éléments d'ombre, également en réponse aux simulations du microclimat et à la mitigation de l'effet îlot de chaleur ;
- la mise place d'unités morphologiques pour l'adaptation aux changements climatiques, telles que des « places d'eau » équipées par des bassins de collecte et rétention d'eau, la modélisation des dénivelées au sol en défense des inondations ;
- l'attribution de fonctions et espaces extraordinaires relativement à la production et à la collecte des déchets urbains, aux émissions carbone, à la consommation d'eau.

Les paramètres indépendants d'entrée, régissant la syntaxe morphologique de l'unité, peuvent ainsi faire l'objet de sémantisations récursives en relations aux données produites à l'issue de démarches de simulation. La nature générative ascendante du modèle permet l'amplification de l'optimisation ainsi que la visualisation et l'évaluation rapide des résultats.

7. Conclusion

Le concept d'unité de voisinage ou d'écoquartier fait écho à la maxime du développement durable « penser globalement, agir localement ». Dans l'univers naissant du City Information Modelling, cet article a proposé une réflexion sur la taille des unités da base des conceptions génératives, envisageant l'intégration d'une ontologie et de patterns de voisinage dans la grammaire générique de la morphologie urbaine.

La définition d'une modélisation générative basée sur des syntaxes locales a le but d'atteindre un contrôle détaillé aussi bien en *input* qu'en *output*. Ce pattern génératif nécessite de l'association dynamique à un niveau d'information multidimensionnel en environnement CIM pour associer aux syntaxes morphologiques des informations et environnementales. Cela vise la production d'un modèle qui est à la fois génératif et informatif, et qui peut s'articuler aux objectifs globaux de la transition écologique par des points d'entrée locaux.

L'inclusion d'une classe ontologique de voisinage permet, en effet, la production, en rétroaction, de données à l'échelle locale, envisageant la constitution de noyaux d'évaluation des performances environnementales et d'optimisation de la forme urbaine. L'échelle ciblée présente une graine d'évaluation s'inscrivant, théoriquement dans la piste suggérée par les dimensions performancielles définies par Kevin Lynch (Lynch, 1981). Déjà dans les années 1980, Lynch avait décrit, dans les relations entre forme bâtie et dimensions non spatiales (environnement, économie, justice), la réussite de l'organisme urbain. Les performances de l'habitabilité, du sens, de la cohérence, de l'accessibilité et de la régulation reposent sur les relations hommes/espaces et espaces/activité, dont l'évaluation sur la base d'indicateurs à l'échelle de voisinage semble pertinente.

L'approche ascendante, constituée de *familles* imbriquées en analogie avec le BIM, permet la maîtrise du modèle à partir de l'échelle locale, tout en offrant une possibilité de visualisation directe des changements. L'intégration des indicateurs des performances locales dans l'algorithme génératif serait à la base d'un modèle urbain informé, susceptible d'être optimisé à l'échelle humaine.

Références

Alexander C., Ishikawa S., Silverstein M., Jacobson M. (1977). A pattern language: towns, buildings, construction. New York, Oxford U.P

Avermaete T. (2006). The stem and web concepts by Candilis-Josic-Woods. In: Pellegrini P., Viganò P. (Eds.). Comment vivre ensemble. p. 201-219. Venise, Officina edizioni

Aymonino A., Mosco V. P. (2006). Espaces publics contemporains : architecture volume zéro. Milan, Skira

Beirão J. (2012). CItyMaker. Designing grammars for urban design. *Architecture and the built environment*, 5

Beirão J., Duarte J. P. (2018). Generic grammars for design domains. In: *Artificial intelligence for engineering design, analysis and manufacturing*, 32. p. 225-239.

Beirão J., Duarte J. P., Stouffs R., (2009). An urban grammar for Praia: toward generic shape grammars for urban design. In: Computation: The New Realm of Architectural Design. 27th eCAADe Conference Proceedings. p. 575-584

Beirão J., Duarte J. P., Stouffs R., Bekering H. (2011). Creating generic grammars with generic grammars: towards flexible urban design. Designing with Urban Induction Patterns – a methodolocigal approach. *Nexus Network Journal*, 13(1), p. 73-111

Beirão J., Montenegro N., Arrobas P. (2012) City information modelling: parametric urban models including design support data. In: Urban Morphology in Portuguese Speaking Countries, Portuguese Network of Urban Morphology Conference. pp. 1122–1134. Lisbon, ISCTE-IUL

Berta M., Caneparo L., Rolfo D. (2020). Semantic analysis and 3D generation of buildings and cities. *International Journal of Design Sciences and Technologies*, 24(1)

Bertuglia S., Staricco L. (2000). Complessità, autoorganizzazione, città. Milan, FrancoAngeli/Urbanistica

Bourreau P., Charbel N., Werbrouk J., Senthilvel M., Pauwels P., Beetz J. (2020). Multiple inheritance for a modular BIM. In:Marques S., Teulier R. Eds. Le BIM et l'évolution des pratiques. pp. 63-83. Paris, Eyrolles

Caetano I., Santos L., Leitao A. (2020). Computational design in architecture: defining parametric, generative and algorithmic design. *Frontiers of Architectural Research*, 9(2). p. 287-300

Candilis G. (1965). Problèmes d'urbanisme. *L'architecture d'aujourd'hui*, 118

Caniggia G., Maffei G. L. (2008). Lettura dell'edilizia di base. Florence, Alinea

Conde-Garcia J. (2018). Topologia e tipologia, a parcela gotica. *Revista de Morfologia Urbana*, 6(2)

Cullen G. (1961). Townscape, Londres, Architectural Press

Dautremont C., Jancart S., Dagnelie C., Stals A. (2019). Parametric design and BIM, systemic tools for circular architecture. *IOP Conf. Series : Earth and Environmental Sciences*, 225

Donato F., Lucchi Basili L. (1996). L'ordine nascosto dell'organizzazione urbana: un'applicazione della geometria frattale e della teoria dei sistemi auto-organizzati alla dimensione spaziale degli insediamenti. Milan, FrancoAngeli

Duarte J. P., Beirão J. N., Montenegro N., Gil J. (2012) City induction: a model for formulating, generating, and evaluating urban designs. In: Arisona S. M., Aschwanden G., Halatsch

J., Wonka, P. (eds.). Digital Urban Modeling and Simulation, Communications in Computer and Information Science. pp. 73–98. Heidelberg, Springer

Ecochard M. (1955). Casablanca : le roman d'une ville. Paris, Éditions de Paris

Gil J. (2020). City Information Modelling: A Conceptual Framework for Research and Practice in Digital Urban Planning. *Built Environment*, 46(4). p. 501-527

Gil J., Beirão J. N., Montenegro N., Duarte J. P. (2012), On the discovery of urban typologies: Data mining the multi-dimensional morphology of urban areas. *Urban Morphology*, 16(1). p. 27-40

Hawken S., Han H., Pettit C. (2020). Open Cities, Open Data: Collaborative Cities in the Information Era. Singapore, Palgrave Macmillan

Jacobs J. (1961). The death and life of great American cities. New York, Vintage books

Khemlani L. (2005). Hurricanes and their aftermath: how can technology help? AECbytes

Kropf K. (2014). Ambiguity in the definition of built form. *Urban Morphology*, 18(1). p. 41-57

Lima F. T., Brown N. C., Duarte J. P. (2022). A grammar-based optimization approach for designing urban fabrics and locating amenities for 15-minute cities. *Buildings*, 12

Lynch K. (1960). The image of the city. Cambridge, The MIT Press

Lynch K. (1981). Theory of good city form. Cambridge, The MIT Press

Mangigrasso M. (2019). La città adattiva. Macerata, Quodlibet

Mangin D., Ferrand R. (dir) (2019). Le droit au rez-de-ville. *Urbanisme*, 414

Maricchiolo L. (2020). Il Moderno e la città spontanea. Genesi e resilienza dell'habitat di Michel Ecochard in Marocco. Macerata, Quodlibet

Marrero M., Wojtasiewicz M., Marinez-Rocamora A., Solis-Guzman J., Alba-Rodriguez M. D. (2020). BIM-LCA Integration for the Environemntal Impact Assessment of the urbanization process. *Sustainability*, 12

Micara L., Petruccioli A. (1996). Metodologie di analisi degli insediamenti storici nel mondo islamico. In: Bollettino d'arte del Ministero dei Beni e delle Attività Culturali, 39-40

Montenegro, N., Beirão, J. and Duarte, J. (2011b) Public space patt erns: modelling the language of urban space. In: EuropeIA 13: Proceedings of the 13th International Conference on Advances in Design Sciences and Technology.

Montenegro, N., Beirão, J.N. and Duarte, J.P. (2011a) Public space patt erns: towards a CIM standard for urban public space. In: Zupancic, T., Juvancic, M., Verovsek, S. and Jutraz, A. (eds.) Respecting Fragile Places – 29th ECAADe Conference Proceedings, pp. 79–86

Muratori S. (1963). Studi per una operante storia urbana di Roma. Roma, CNR

Neufert E. (1936). Bauentwurfslehre. Berlin, Imprint Bauwelt-Verlag (Ullstein)

Palacios Labrador L. (2014). « Noah's ark » : el arte de humanizar el gran numéro. *Proyecto, progreso, arquitectura*, 10. Seville, Universidad de Sevilla. pp. 104-117

Perry C. (1998) The Neighbourhood Unit (1929). Londres, Routledge/Thoemmes [Ed. orig. 1929]

Psarra S. (2018). The Venice variations. Tracing the architectural imagination. Londres, UCLPress

Saggio A. (2010). Information is the raw material of a new architecture. In: Sprecher A., Yeshayahu S., Lorenzo-Eiroa A. Eds. LIFE In:formation Acadia Conference Proceedings. p. 45-48. New York, Acadia

Secchi B. (1986). Progetto di suolo. *Casabella*, 520

Secchi B. (2006). Progetto di suolo 2. In: Aymonino A., Mosco V.P. Espaces publics contemporains : architecture volume zéro. Milan, Skira

Schumacher P. (2008). Parametricism as style: parametricist manifesto. In: The Darkside Club, Venice, 11th Architecture Biennale

Siala A., Halin G., Bouattour M. (2020). Une approche BIM pour la prise en compte des exigences spatiales non géométriques. In: Marques S., Teulier R. (dir). Le BIM et l'évolution des pratiques. pp. 105-118. Paris, Eyrolles

Sitte C. (2007). L'arte di costruire le città. L'urbanistica secondo i suoi fondamenti artistici. Milan, JacaBook. [Ed. Orig. 1889]

Stojanovski T. (2013). City information modeling (CIM) and urbanism: blocks, connections, territories, people and situations. In: Proceedings of the Symposium on Simulation for Architecture & Urban Design. p. 12. San Diego, Society for Computer Simulation International

Stojanovski T. (2018). City Information Modelling (CIM) and Urban Design – Morphological Structure, Design Elements and Programming Classes in CIM. In: Computing for a Better Tomorrow. Proceedings of the 36th ECAADe Conference. pp. 507–516. Lods (Poland)

Stojanovski T., Zhang H., Peters C., Perthanen J., Sanders P., Samuels I. (2021). City Information Modelling (CIM) - Morphological conceptualizations and digitizing. In: XXVIII International Seminar on Urban Form ISUF2021: Urban form and the sustainable and prosperous cities, Glasgow

Strauven F. (1998). Aldo Van Eyck. The Shape of Relativity. Amsterdam: Architectura & Natura

Turrin M., Sariyildiz S., Paul J. (2015) Interdisciplinary parametric design : the XXL experience. In: Iass - Proceedings of the International Association for Shell and Spatial Structures. Amsterdam,

Van Eyck A. (1962). Steps towards a configurative discipline. *Forum*, 3. p. 88

Wang X., Song Y., Tang P. (2020). Generative urban design using shape grammar and block morphological analysis. *Frontiers of Architectural Research*, 9(4), p. 914-924

Woodbury R. (2010). Elements of parametric design, Routledge

Woods S. (1960). Stem, *Architectural Design*, 5

Zambelli M. (2006). Landform architecture. Roma, Edilstampa

Accompagner l'évolution du secteur de la construction

Transition d'une entreprise vers le BIM : un cadre conceptuel

Sylvain Wietrzniak

Sylvain.wietrzniak@acth.fr
Sylvain Wietrzniak est directeur d'ACTH.
Directeur associé, master consultant BIM-AEC, Architecte dplg.
Expert dans les fonctions, les usages et l'organisation autour des logiciels
de BIM et GED/PLM.
20 années d'expérience en informatique de production (BIM-CAO).
Définition des méthodes de production et de gestion documentaire
dans le contexte de production AEC.
Responsable des équipes de consultants.
Société par actions simplifiée unipersonnelle, ACTH,
créée en 1990, ACTH est une structure de formation et de conseil
dans un cadre d'AMO-BIM et de transition numérique pour les entreprises.

Résumé

La modélisation des informations du bâtiment (BIM) est l'un des développements les plus prometteurs dans l'industrie de la construction et ses avantages en termes d'efficacité des processus, des coûts, de l'énergie, de l'environnement et de l'amélioration de la productivité ont été bien documentés. En raison de ces avantages, le BIM est présenté comme l'un des principaux vecteurs de la transformation numérique de l'industrie de la construction du XXIe siècle. Malgré l'appel à adopter le BIM, il y a peu de travaux de recherche sur ce qu'il faut pour adopter le BIM avec de nombreuses publications qui se concentrent sur les initiatives de sensibilisation et ses avantages. Ainsi, une question récurrente chez les praticiens est

« comment adopter le BIM ? », ou « que faut-il pour qu'une entreprise de construction passe au BIM ? » Cette étude synthétise les connaissances issues des expériences de l'industrie et les présente dans un nouveau contexte afin de fournir un cadre conceptuel pour soutenir les praticiens dans leur parcours BIM. En outre, l'étude fournit un tremplin pour de nouvelles recherches afin de se concentrer sur les exigences requises par les entreprises pour effectuer une transition complète vers le BIM.

Mots-clés

BIM, productivité, secteur de construction, transition numérique

Abstract

Building Information Modeling (BIM) is one of the most promising developments in the construction industry, and its benefits in achieving process, cost, energy and environmental efficiencies and improved productivity have been well-documented. Due to these benefits, BIM is being recommended as one of the main vectors of digital transformation of the 21st century construction industry. Despite the call to adopt BIM there is paucity of scholarly work about what it takes to adopt BIM with too many literature still focusing on awareness initiatives and its benefits. Thus, a common question among practitioners is "how to adopt BIM?", or "what does it take to for a construction company to transition to BIM?" This study synthesises knowledge from industry experiences and presents it in a new context to provide a conceptual framework to support practitioners in their BIM journey. Furthermore, the study provides a springboard for new research to focus on the requirements needed by companies to fully transition into BIM.

Keywords

BIM, Construction Sector, Digital Transformation, Productivity

1.   Introduction

Au cours de la dernière décennie, la recherche sur la modélisation des informations du bâtiment (BIM) a révélé les avantages du BIM. Dans un effort pour renforcer l'analyse de rentabilisation du BIM, Abanda *et al.* (2017) ont publié un article axé sur les avantages qualitatifs et quantitatifs du BIM. Au fil des ans, de nombreux gouvernements ont demandé que le BIM soit largement adopté dans l'industrie de la construction. En 2011, le gouvernement britannique a demandé que le BIM soit rendu obligatoire sur tous les projets commandés par l'État à partir de 2016. En France, le Plan de transition numérique (PTNB) a été promu par le ministère du Logement et officiellement institué par le ministère de Cohésion territoriale. Ce dernier a signé le Plan BIM 2022 en 2017, qui stipulait que le système BIM devait être appliqué à tous les projets du secteur public à partir de cette année-là.

Les événements récents en Europe, tels que la guerre entre l'Ukraine et la Russie ou la crise sanitaire, ont eu des impacts sur divers aspects, ce qui a conduit à une pression supplémentaire et urgente sur les professionnels de la construction, y compris les architectes et les ingénieurs civils, pour qu'ils adoptent des technologies innovantes telles que le BIM afin d'améliorer les performances de réalisation des projets. L'une des principales conséquences de la guerre est la crise énergétique actuelle aggravée par les désordres écologiques et les événements terribles liés au climat (Ossó *et al.*, 2022).

Ainsi, les choix politiques en marche aux niveaux européen et national nous proposent la transition numérique comme vecteur de la résilience de nos sociétés. Indépendamment du travail sur la formation fondamentale ou initiale, l'entreprise et les acteurs métiers en activité doivent donc opérer cette transition. Cette transition est à aborder dans une problématique avec de multiples contraintes :

- contraintes de projet, car la transition ne doit pas grever l'exigence professionnelle ;
- contraintes humaines, car les savoirs des professionnels sont multiples et les relations sociales au sein des professionnels en activité sont complexes ;
- contraintes juridiques, car l'entreprise ou le professionnel s'engage contractuellement et met en place des risques assurantiels ;
- contraintes matérielles et logistiques, sur les investissements et leurs amortissements ;
- contraintes légales autour de la formation professionnelle.

En outre, d'autres facteurs tels que le nombre explosif de terminologies associées aux concepts BIM courants sont accablants pour les professionnels et entravent leur capacité à prendre des décisions éclairées sur la manière de passer au BIM. Aujourd'hui, tapez les mots « transition BIM » dans un moteur de recherche et vous pourrez obtenir (environ 6 000 000 résultats en 0,42 seconde)) : BIMci, BIMlà, DoubleBIM et pataBIM sont partout ! Plus un seul profil sur les réseaux sociaux comme LinkedIn© dans les acteurs de l'acte de bâtir (MOA, MOE, entreprise de construction, etc.) n'y fait pas référence. Il n'y a plus d'architecte ou d'ingénieur BIM, il y a des BIM manager, des coordinateurs BIM, des projeteurs BIM, des AMO-BIM, des administrateurs BIM.

Même si le BIM n'a pas été pleinement adopté, la nature en évolution rapide de l'industrie des technologies de l'information s'ajoute aux défis auxquels sont confrontés les professionnels dans l'adoption des différentes technologies pour leurs projets. L'un d'eux est le « jumeau numérique des bâtiments », qui oblige les acteurs à mettre en place et conduire en parallèle deux projets : le digital et le constructible. De plus en plus d'organisations doublent les problématiques et explosent les budgets autour de la transformation numérique.

« Transformation numérique », « transition digitale », « révolution BIM » sont autant d'expressions utilisées pour décrire la dynamique à laquelle l'ensemble de la société et ses composantes (économiques, sociales, publiques, privées) sont aujourd'hui confrontées.

Bref, la transition numérique vers le BIM dans le contexte de l'entreprise de conception et de réalisation nécessite une approche pragmatique, opportuniste et maîtrisée. Elle implique une vision pédagogique spécifique intégrant au plus près les projets et les équipes. Indépendamment des techniques de « change management », elle permet d'introduire des techniques de management visuel et une nouvelle approche managériale des équipes et des projets. Cependant, il existe un manque de travaux universitaires sur les exigences nécessaires à l'adoption du BIM dans la pratique. Les quelques études dans ce domaine se sont concentrées sur les besoins logiciels, matériels et personnels (Abanda et Whitlock, 2017 ; Amin et Abanda, 2017) sans rien sur la stratégie, les rôles BIM émergents, l'environnement favorable, etc. De plus, la méthodologie proposée par FRANCENUM pour la transition numérique de l'entreprise en France restent peu adaptées à nos métiers des études et de la réalisation. Cette étude synthétise les connaissances issues des expériences de l'industrie et les présente dans un nouveau contexte afin de fournir un cadre conceptuel pour soutenir les praticiens dans leur parcours BIM.

Pour faciliter la compréhension, le reste de l'article sera divisé en plusieurs sections. La section 1 d'introduction. La section 2 se concentre sur l'histoire des technologies numériques conventionnelles de la construction. Dans la section 3, les technologies de construction numériques émergentes sont examinées. La contribution de cette étude commence dans la section 4, où les rôles et les différentes tâches des professionnels du BIM sont examinés. Ceci est suivi par la section 5, où la stratégie de transformation numérique est discutée. La section 6 se concentre sur la structure habilitante pour améliorer la transformation numérique. Dans la section 7, la manière de mettre en place différents chantiers dans leur transition vers le BIM est abordée. La dernière contribution se trouve dans la section 8, qui porte sur la formation pédagogique des entreprises pour réussir la transition vers le BIM.

2. Historique : hier la 3D, aujourd'hui le BIM

2.1. Avant l'apparition du BIM, il y a eu le CAD

Il y déjà longtemps, l'arrivée du CAD (Computer Advanced Design), traduit en français par DAO ou dessin assisté par ordinateur, a « révolutionné » la profession ! Dans les années 1980, de nouvelles techniques de production graphique ont vu le jour. Les notions de dessin 2D et de représentation 3D sont apparues, alors que l'on parlait Rotring et tire-lignes. Des logiciels ont fleuri, plus ou moins métiers, puis ont disparu, certains surnagent encore, d'autres sont devenus hégémoniques. De nouvelles méthodes d'organisation ont été inventées, issues d'autres secteurs. Nous sommes passés des armoires en métal contenant des rouleaux de calques et des dossiers Chronos rangés dans des chemises jaunes et des dossiers de livrables en chemises rouges, à des armoires virtuelles au doux nom de « serveurs de données » ou « d'armoires à plan électronique » remplies de téraoctets de données plus ou moins compatibles, plus ou moins bien rangées, et aux nomenclatures souvent hétérogènes, voire empiriques.

Nous avons jeté nos grilles trace-lettres et remisé nos équerres et nos compas, oublié le grattage sur calques au profit de la fourniture d'un DWG jamais à jour. De nouvelles manières d'échanger se sont imposées, en remisant les tables lumineuses au profit des « Xrefs ». Les structures d'ingénieries et les agences d'architectures ont fondu en termes de personnel, les tables à dessin ont été remplacées par des écrans haute définition.

2.2. L'amélioration des outils et des compétences

Un nouveau savoir, et avec lui un nouvel acteur, est apparu : le « CAD manager », à la frontière de l'informatique et de la production. Nous avons vu une partie d'une génération d'architectes ou d'ingénieurs rejoindre les agences avec le double profil de spécialiste informatique et de spécialiste production CAD. L'informatique de production est née avec la disparition des tables à dessin. De nouveaux « experts qui détenaient la réussite et la maîtrise du projet » ont vu le jour, grâce à leur savoir-faire informatique. Indispensable, car goulet d'étranglement de la production, l'informatique a permis à certains de se faire une place incontournable dans les structures.

2.3. Après 20 ans, que reste-t-il de ces experts ?

Les tâches incompréhensibles par le commun sont aujourd'hui manipulées par chacun. La CAO et l'imagerie 3D sont enseignées dans les écoles depuis plus de 20 ans. Des générations sont maintenant formées. La plupart des experts sont devenus des chefs de projets revenant à leur métier d'origine. Quelques-uns sont devenus « responsables informatiques » et ne font plus que du « monitoring » des nomenclatures de fichiers ou des prestataires informatiques. S'ils sont restés en production, ils supervisent et assurent le contrôle qualité de la production et des équipes. Sans décrire l'ensemble des tâches des CAD management, ils interviennent principalement à l'initialisation du projet, et aux périodes de livrables. L'expert « indispensable » s'est dissous dans l'équipe projet et son expertise n'est plus que ponctuelle. Son intervention est localisée et intégrée comme une tâche spécifique dans le planning des projets. Charte graphique, nomenclature documentaire, liste de calques, contrôle qualité des bibliothèques, mise à disposition des menus spécifiques, des gabarits et des macros, toutes ces tâches sont maintenant partagées au sein des équipes, ou non traitées et déléguées à des externes aux interventions ponctuelles lors des migrations des produits. Aujourd'hui, il reste surtout :

- des investissements très conséquents qui ont pesé sur la rentabilité des entreprises ;
- de nouveaux acteurs de l'informatique et du logiciel qui se sont imposés par la technologie ;
- un sentiment de dévalorisation des professions et de perte de compétence.

3. Aujourd'hui, de nouvelles méthodes, un nouvel acteur ?

3.1. Les mêmes causes, les mêmes effets

La situation du bâtiment est aujourd'hui plus « tendue », la concurrence est plus forte, les marchés sont moins « ouverts », les financements plus contraints et les marges plus réduites (Atradius, 2021). Cela fait beaucoup, mais on retrouve à peu près les mêmes discours et à peu près les mêmes systèmes de propositions d'évolutions. Pour ceux qui ont connu le passage de la planche à dessin à l'informatique de production, on retrouve les mêmes ingrédients et les mêmes écueils. Mais un paramètre a changé :

- L'urgence de la transition comme modèle résilient, comme nécessaire évolution dans un monde contraint et limité.

Dans ce cadre, il est nécessaire de partager les pratiques et les réussites vite !

Nous constatons aujourd'hui d'une part que :

- les outils informatiques sont plus puissants et le travail en mobilité est plus accepté et demandé ;

- les directions informatiques ont acquis un rôle clé et sont en capacité d'acquérir les ressources nécessaires autour de la mobilité et de la collaboration ;
- les logiciels sont pertinents, les éditeurs ont tous des chaînes logiciels « métiers » et presque complètement interopérables ;
- la prise de conscience globale des directions des entreprises est notable ;
- les systèmes de financement de la formation professionnelle ou de la transition numérique sont alignés ;

Mais que d'autre part :
- la connaissance des outils doit être multiple et s'acquiert beaucoup plus lentement qu'avec les 2D ;
- les outils logiciels sont de plus en plus axés et spécifique ;
- les nouveaux savoirs impactent le savoir-faire, mais aussi le savoir-être ;
- la compétence générale des utilisateurs est en train d'augmenter en flèche ;
- la méthodologie, la gestion du savoir et le partage sont en voie de stabilisation et sont les clés de la réussite ;
- la problématique de l'enseignement et de la transmission des savoir-faire et savoir-être a considérablement évolué.

3.2. L'émergence des BIM manager

Ce nouveau bouleversement offre une fenêtre entre 2 et 10 ans où l'ensemble des acteurs vont migrer. En réponse à ce « trou » de compétence, des experts autoproclamés sont apparus. Généralement, ce sont de vrais sachants logiciels, mais pas toujours ! Souvent des « francs-tireurs », ils se positionnent comme nouveaux acteurs dans le projet. Ils sont à la frontière entre la transmission et la complexification, leur statut et leur rétribution en dépendent. Le temps du « superman » qui, par son action magique, « sauvait » le projet ne peut plus être. L'histoire se répète ! le CAD manager devient maintenant un BIM manager ! Aujourd'hui, les acteurs d'origine du BIM management ont majoritairement été absorbés par de grands groupes pour y déployer, en interne ou en prestation externe, le savoir BIM. Notre période de transition, où les acteurs n'ont pas encore acquis le savoir-faire et les bonnes pratiques, nécessite un partage objectif et rapide des acteurs de la filière. Malgré les nombreuses actions des États, des associations et des acteurs, malheureusement de nombreux fantasmes et d'exigences empiriques sont encore présents dans les entreprises. Souvent issues d'expériences malheureuses, voire désastreuses, nous pouvons faire le constat de freins conséquents. L'émergence du BIM manager suit le parcours de son ancêtre de CAD manager.

3.3. C'est très compliqué ! Ne vous inquiétez pas, je m'en occupe.

Beaucoup d'articles glosent sur les qualités requises, les missions pour un BIM manager. Cela démontre clairement la volonté de qualifier l'oiseau rare. Plusieurs postures s'affrontent toujours, en voici la ligne de fracture. Doit-il exister un « chef d'orchestre du BIM » ? ou le chef d'orchestre existe-t-il déjà, il a simplement besoin d'avoir un instrument de plus ?

3.3.1. Comprendre les fonctions : une nouvelle fonction, un nouvel acteur ?

Cassons quelques idées en cours :
- le BIM manager ne semble pas être un acteur unique, car il doit regrouper de multiples compétences ;
- ce profil n'est pas seulement un spécialiste logiciel de celui-ci ou de celui-là, mais il connaît un écosystème de production complet ;
- il est aussi un spécialiste métier ;
- il doit posséder les compétences de management d'équipe et de projet ;
- il possède une expérience réelle des projets ;
- il est capable de négocier des contrats, produire et faire produire, contrôler ou organiser des données ;
- il doit être capable de conduire une stratégie de transition ;
- il doit être capable de développer des solutions de modélisation ou d'automatisation ;
- il établit et veille au respect des standards des projets (gabarit, charte, bibliothèque, codification, nomenclature, etc.) ;
- etc.

Le BIM manager est, en fait, un ensemble de tâches liées au management du projet, cela ne peut pas être un seul et unique individu ! La massification de la demande des entreprises et des projets en BIM nécessite un nouveau point de vue sur le BIM manager. En dehors de cette période transitoire, il n'y aura donc pas de BIM manager *in fine*, il n'y a que du BIM management, c'est-à-dire, un ensemble de tâches qui se déploient de la sphère décisionnelle à la tâche la plus basse de la production. Il n'y a pas de commune mesure entre celui qui, en fonction du projet, définit l'organisation des responsabilités contractuelles de la production et celui qui veille au nettoyage interne des maquettes.

On peut donc illustrer cette vision dans ce double sens spécifique. Bien que le BIM management soit d'ordre managérial pour l'entreprise, il l'est aussi au niveau du projet et dans une triple spécificité :
- au niveau de la direction de l'entreprise ;
- au niveau de la direction du projet ;
- au niveau de la production.

Évidemment, cela induit une démarche de qualifications des tâches et des actions en lien avec les fonctions direction/projet/production et amène à qualifier le BIM comme une simple acquisition d'une compétence d'outil et d'un ensemble de processus (savoir-faire), mais aussi de comportements (savoir-être). Les processus comme dans l'industrie prennent leurs places dans la lisibilité de la production du projet.

Ils permettent la bonne tenue (ressources, temps, coûts, efficacité, etc.) des projets, mais surtout rendent visible et optimisable les missions et responsabilités dans les projets. Ils assurent la bonne modélisation et la qualité tenue des maquettes et des responsabilités afférentes. Pour cela, un vrai effort est à mettre en place pour les acteurs, qui, souvent, préfèrent travailler dans un principe séquentiel ou de « boîte noire ». La démarche commence par le décryptage des tâches à réaliser et leur mise en forme dans les graphiques de processus métier traditionnel.

4. Comprendre la fonction et la transcrire en tâches

Notre expérience nous amène à décrire les tâches au travers de cette liste non exhaustive qui dépend de la taille de la structure, des projets et des métiers. De cette analyse, nous avons mis en place un processus que nous proposons aux entreprises qui sont intéressées par la transition vers le BIM. Les listes de tâches décrites sont spécifiques aux problématiques du BIM et ne prennent pas en compte les connaissances spécifiques des métiers de l'architecture et de l'ingénierie.

4.1. Le niveau direction

Niveau : direction BIM Responsabilité : direction stratégie d'entreprise Titres souvent utilisés : • BIM manager d'entreprise • directeur BIM • coordinateur BIM d'entreprise • référents BIM • responsable BIM	**Concevoir**	Concevoir le projet d'entreprise
		Concevoir les cahiers des charges BIM
		Concevoir l'organisation documentaire
		Concevoir l'organisation des nomenclatures
		Concevoir l'implémentation
		Etc.
	Définir	Définir les matrices de convention BIM
		Définir les processus
		Définir les outils de savoir-faire BIM
		Définir les outils de l'écosystème
		Définir les méthodes de formation
		Définir des profils des postes et des tâches par les ressources humaines
		Définir les marchés de sous-traitance ou de prestation
		Définir les codes, natures, et représentations d'objets
		Définir le niveau de définition des maquettes
		Définir les objectifs d'usage BIM
		Définir la prescription de matériels et d'outils logiciels
		Définir les paramètres d'installation et de paramétrages des outils
		Définir les outils de gestion et de pilotage des actions ou chantier BIM
		Etc.
	Piloter	Piloter les prestataires et marchés BIM
		Piloter la gestion des supports organisationnels (biblioBIM, gabarits, processus, paramétrages, etc.)
		Piloter les relations avec les partenaires BIM
		Animer les copil-BIM
		Piloter le déploiement des différents chantiers du BIM (R&D, formation, méthodes, organisation, RH, etc.)
		Etc.

		Correspondre avec les intervenants SI/DSI/GED/RH/etc.
		Rech. & veille technologique, curation d'internet
		Animer et piloter des outils de savoir interne
	Communiquer	Reporting général auprès de la direction générale
		Contrôle juridique ou correspondant sur le BIM
		Représentation et témoignage externe
		Etc.

4.2.   Le niveau direction de projet

	Rédiger, contribuer aux documentations BIM du projet : convention d'exécution BIM, processus, matrice, etc.
	Piloter l'initialisation du projet et la synchronisation des équipes BIM
	Choisir le découpage et l'organisation du projet en fonction des ressources internes de l'entreprise et des contraintes projet
	Définir et faire appliquer les conventions graphiques et de codification/nomenclature (LOI & LOD)
	Faire ou piloter l'audit des modèles (doc contrôleur)
Niveau : direction projet	Mettre en place et animer la revue BIM
	Définir et piloter la plateforme d'échange BIM
Responsabilité : direction projet	Interfaces avec les autres acteurs BIM projet
	Echange, dépôt des maquettes dans le cadre de l'environnement commun des données
Titres souvent utilisés	Analyse des coûts et des temps (4D, 5D)
• BIM manager d'opération	Mise en place des liens entre base de données graphique et alphanumérique
• BIM manager projet	
• Coordinateur BIM projet	Qualifier les données de nomenclatures des objets
	Définir les livrables et leurs paramétrages
	Création des familles complexes
	Soutien et encadrement des modeleurs BIM
	Support technique utilisateurs de niveau 1
	Paramètre exportation/impression
	Etc.

4.3. Le niveau production

Niveau : production Responsabilité : études, conception, réalisation Titres souvent utilisés • Modeleur BIM • Dessinateur ou projeteur BIM • Chargé de projet BIM	Modéliser le projet à l'aide d'un logiciel 3D
	Création des familles standards
	Modélisation forme complexe
	Application des documentations BIM
	Maintenance des biblioBIM du projet
	Demande auprès des biblios générales et synchronisation
	Nettoyage quotidien des modèles
	Synchronisation des bases de données graphique et alphanumérique (import-export)
	Coordination simple des modèles métiers
	Établir le relevé numérique et la description d'un bâtiment existant
	Expression des besoins spécifiques de modélisation ou d'échanges
	Réaliser le métré d'un projet de bâtiment à partir d'une maquette numérique
	Organiser le projet selon la convention BIM
	Création des familles standards
	Publication/impression/exportation IFC ou base de données
	Vérification 2D
	Archivages
	Livrables
	Etc.

Évidemment, les profils des acteurs changent et les compétences associées aussi.

En conclusion, la transition nécessite une analyse fine des réels besoins des structures et passe par la mise en place d'un projet de transition qui traversera :

- des problématiques de gestion des ressources et des compétences ;
- des problématiques informatiques d'outils ;
- des problématiques d'organisation et de management des équipes et de la production ;
- des problématiques stratégiques et contractuelles.

La puissance publique (France Compétence) a déjà défini des titres professionnels ouverts en formation initiale, professionnelle ou en validation des acquis de l'expérience (VAE). Ce travail de fond est d'ores et déjà engagé et le ministère du Travail a inscrit au Répertoire national des certifications professionnelles (RNCP), les deux titres suivants :

- RNCP34658 – TP – BIM modeleur du bâtiment ;
- RNCP34280 – TP – coordinateur BIM du bâtiment.

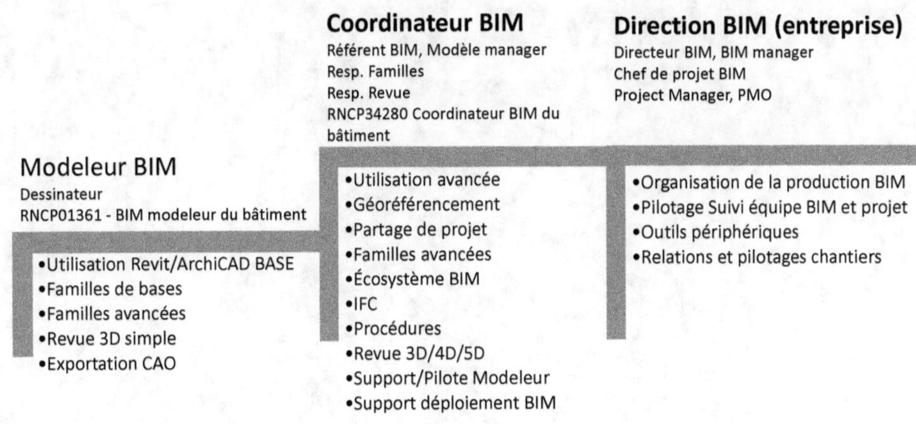

Figure 1. Structure des compétences

5. Comprendre et mettre en place une transition dans les contraintes de production

Le numérique offre de nouvelles opportunités économiques, humaines, ainsi que de nouvelles manières de travailler et de nouvelles formes de service. La construction en tant que composante de la *smart city* s'inscrit naturellement dans ce mouvement illustré par la multiplication d'actions innovantes.

Toutefois, la maturité des acteurs, les contraintes budgétaires et les disparités économiques entre acteurs, la perte de maîtrise de certaines données, ainsi que les limites technologiques des solutions proposées par les éditeurs sont autant d'enjeux que la filière doit surmonter. Cette mutation touche l'organisation même des entreprises. L'abandon des silos et du cloisonnement tend ainsi à laisser place à des structures dans lesquelles se développent des collaborations humaines et technologiques transversales.

La transformation numérique se caractérise par conséquent par une série de facteurs :
- l'expansion des nouvelles technologies de communication et d'échanges numériques ;
- les mutations des modes de création et de collaboration des projets ;
- une transformation endogène à tout mode d'organisation (entreprise, organisme public, association, etc.) porteuse de bouleversements technologiques, humains et économiques profonds.

Toute transition numérique d'une entreprise doit être pensée comme un projet en soit. Cela nécessite donc d'avoir : une stratégie et des objectifs, des politiques, et des moyens (voir figure 2).

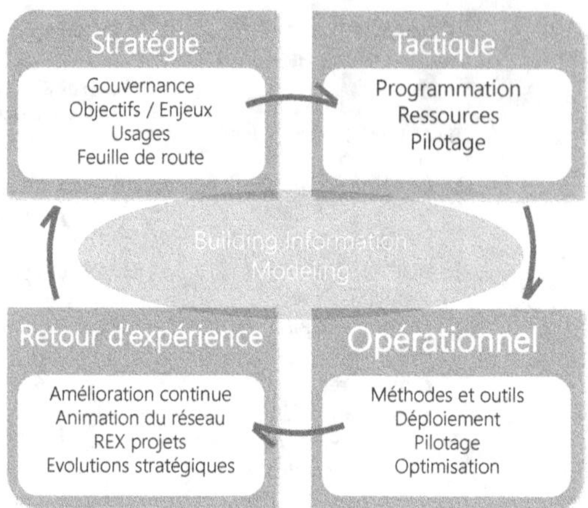

Figure 2. Visuel de compréhension de la démarche

Tactique :

- construire et définir des principes de mise en œuvre en se donnant les moyens de la mise en pratique et d'accompagnement au changement ;
- piloter un projet en réel et/ou analyser les retours d'expériences déjà réalisés ;
- mettre en œuvre le plan de formation avec une équipe sur un projet « contrôlable et sans risques opérationnels forts » ;
- valider le déploiement en fonction des objectifs initiaux, déployer les chantiers du BIM et contrôler leurs évolutions ;
- structurer les outils, les méthodes, les moyens pour la préparation du déploiement et de la mise à l'échelle (stratégie de généralisation).

Opérationnel :

- clôturer les premiers chantiers du BIM pour un passage à l'échelle ;
- déployer les outils, les méthodes et accompagner les acteurs dans une démarche « pragmatique et opportuniste » ;
- appliquer la généralisation sur l'ensemble de l'entreprise tant au niveau management et organisationnel, qu'aux niveaux production et support numérique.

Retour d'expérience :

- construire une politique d'amélioration continue des méthodologies et de la gestion des équipes des chantiers ;
- renouvèlement des chantiers BIM ;
- renouvèlement stratégique et optimisation de la transition numérique globale.

La transition vers le BIM étant toujours réalisée sous la contrainte des projets en cours, l'entreprise ne s'arrentant pas pendant la transition.

Elle doit avoir :

- avec une vision transverse et globale de cette transition ;
- un soutien et une impulsion des directions et du management sur l'ensemble des strates de l'entreprise ;

- des objectifs ou cibles atteignables et définis, même si en cours de route ceux-ci vont par nature évoluer ;
- un contrôle d'avancement, des ressources et des budgets.

6. Comprendre la structure pour accompagner la transition

Il s'agit de la phase stratégique. Pour la réalisation d'une transition vers le BIM réussie, il est nécessaire de faire une analyse de l'entreprise afin de construire la feuille de route et de définir, les ressources et les chantiers. Cette étape clé est nommée « état des lieux ou diagnostic ». Ce diagnostic interne consiste dans l'analyse des capacités de l'entreprise au niveau de la fonction des ressources humaines, de l'outil de production et de l'infrastructure technologique (Abanda et Whitlock, 2017 ; Amin et Abanda, 2017), de l'organisation et du système d'information, de la gestion des opérations de production y compris celles relatives à la sécurité, à la qualité et au management documentaires. Le diagnostic interne aboutit à l'identification des points faibles et des points forts au sein de l'entreprise. Le diagnostic doit permettre la formulation des recommandations concernant le positionnement futur de l'entreprise et de proposer un plan d'action d'adaptation et de renforcement de ses capacités en cohérence avec le positionnement souhaité (feuille de route). Ces actions sont de nature à la mettre, à terme, en conformité aux standards de production du BIM, à améliorer la productivité et la compétitivité et à assurer son développement.

Les investissements matériels et immatériels qui s'y attachent doivent faire l'objet d'un planning de réalisation, d'un schéma de financement et d'une étude de rentabilité basée sur des projections réalistes.

Elle est réalisée pour et avec la direction de projet ainsi que la direction.

L'état des lieux ou diagnostic a toujours un triple objectif :

- établir une photographie des forces et faiblesses de l'entreprise par rapport aux objectifs de transition numérique BIM possibles dans un écosystème externe de production ;
- apporter une montée en compétences et une prise de conscience sur les sujets pour la direction ;
- délimiter les capacités d'investissements humains et financiers ;
- construire, avec la direction, la « feuille de route ».

L'état des lieux se réalise à travers une analyse multicritère qui traverse les axes suivants :

- l'entreprise (ressources et stratégie)
  - comprendre l'organisation (organigramme des entités, des divisions, des structurations de production, des équipes, des centres décisionnels) ;
  - comprendre les missions (captations, typologie de projets et nature des missions) ;
  - comprendre les typologies des marchés et des clients ;
  - comprendre l'écosystème de collaboration (le réseau d'entreprises : les cotraitants et sous-traitants, les prestataires) ;
  - comprendre les ressources humaines (plan de formation, budget potentiel, les profils) ;
  - visions et méthodes de management des différents managements (direction et opérationnel) ;

- les outils de production et de collaboration
  - cartographie des outils de production
    - politique logiciels des licences et d'achat (gestion des licences CAO-BIM-communication-collaboration) ;
    - logiciels CAO & BIM, plugin, développement, etc. ;
    - logiciels bureautiques et collaboratifs (production et collaboration) ;
    - logiciels rendu et image ;
- l'infrastructure informatique de production
  - serveur, cloud, plateforme, etc. ;
  - profil de poste (logiciel de production) ;
  - outils de mobilités ou de captures (téléphone, scan, théodolite, tablette, etc.) ;
  - stratégie collaborative déployée (serveur, cloud, plateforme, etc.) ;
  - support d'installation et de production des outils (gabarits, profils d'installation ou de paramétrages, etc.) ;
- la cartographie des outils et méthodes de production
  - convention, nommage de classement documentaires, arborescences générales, projet et support ;
  - organisation de la production et des équipes de production, matrice de responsabilité et des rôles dans les processus (RACI, responsible, accountable, consulted et informed), structure organisationnelle des projets (OBS) ;
  - méthodes de production, gestion et suivi des décompositions des tâches des projets (WBS), charte, processus, bibliothèques (objets, assemblage, systèmes) ;
  - support et moyens des systèmes de compétences et de savoir (outils de veilles, outils de partage et de diffusion des savoir-faire (knowledge) ;
  - outils de veille et de curation métiers et méthodes.

Le processus ou les activités impliquées dans l'identification des ressources pour la transformation numérique sont résumés dans la Figure 3.

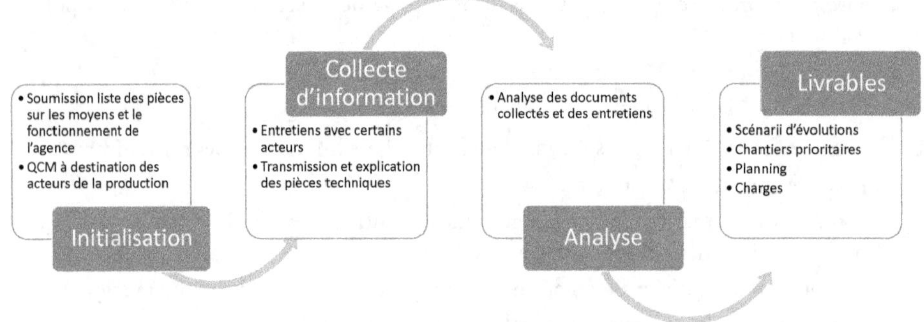

Figure 3. Le processus d'état des lieux ou diagnostic

Les éléments collectés donnent lieu à des indicateurs et à des représentations spécifiques.

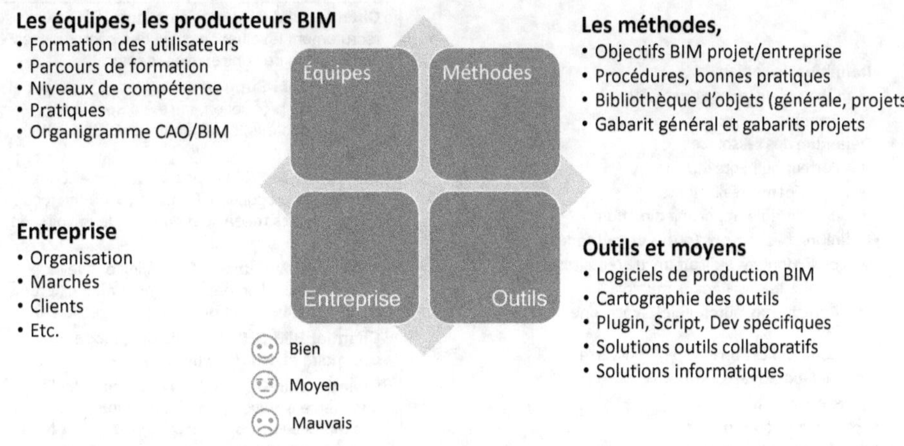

Figure 4. Exemples des axes stratégiques évalués

Proche des matrices SWOT, elle permet une analyse des forces et des faibles, par secteur.

7. Mettre en place les différents chantiers de la transition

À la définition des chantiers du BIM, certains vont apparaître comme éléments prioritaires. Ceux-ci seront priorisés et pilotés par la direction.

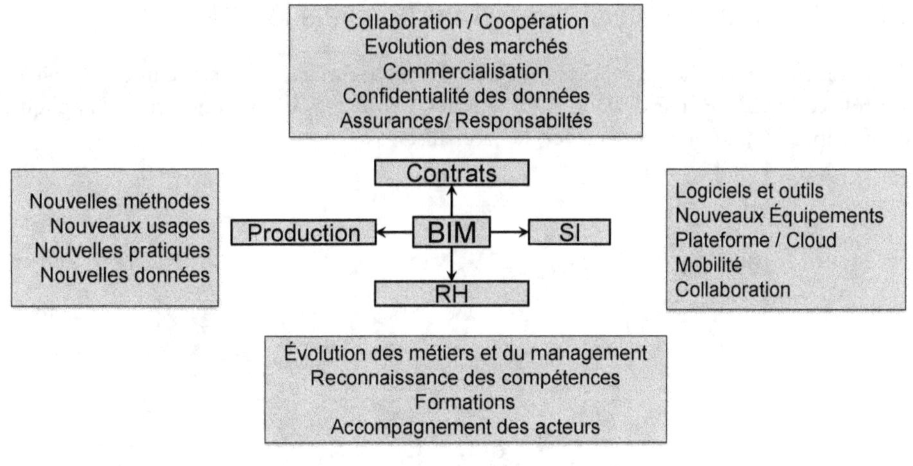

Figure 5. Impacts sur BIM dans l'entreprise

Généralement, les impacts du BIM se font dans 4 directions.

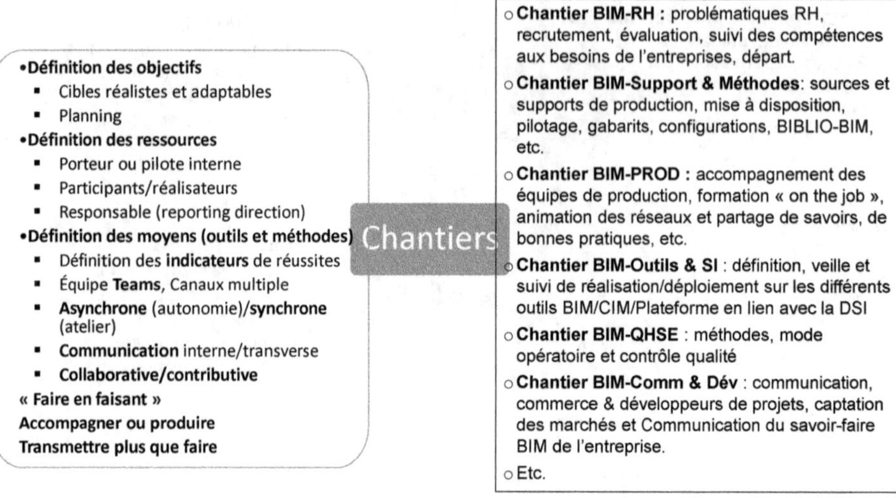

Figure 6. Exemples de chantiers du BIM

8. Mettre en place une pédagogie et un accompagnement spécifique

Afin de garantir une migration réussie et indépendamment des réalisations des chantiers, il est nécessaire d'utiliser les méthodes et les vecteurs pédagogiques suivants.

8.1. Un chantier spécifique « transition vers le BIM »

Un accompagnement de projet de suivi général doit être mis en place avec une stratégie de contrôle et de pilotage par des outils numériques, permettant d'expérimenter et d'appliquer les principes de management visuel et dématérialisé.

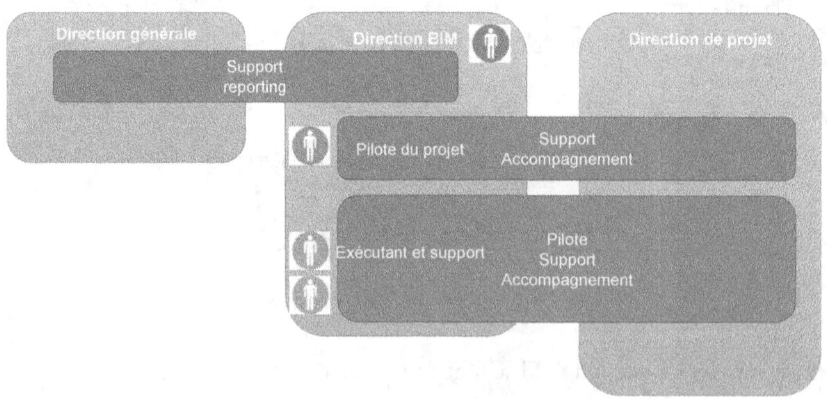

Figure 7. Organigramme de pilotage

8.2.   Des outils pédagogiques et des méthodes innovantes

La pratique de l'esprit de collaboration numérique est un point indispensable de la réussite des projets en numérique pour le BIM. La pratique doit permettre des échanges fluides et réactifs avec l'ensemble des acteurs. Collaboration ne rime pas forcément avec réunion ou présence en salle, il existe beaucoup d'autres moyens pour mettre en place une proximité et une présence sans forcément se bloquer systématiquement des créneaux en présentiel.

Le collaboratif numérique permet le travail en synchrone ou asynchrone, pour l'ensemble des projets. Il faut mettre en place une plateforme de collaboration pour faciliter la mise en place des échanges entre les acteurs. Cette plateforme n'a pas pour vocation la simple gestion électronique des documents ou de centralisation des fichiers, mais permet d'instaurer des pratiques digitales très efficientes en temps (collaboration distante synchrone ou asynchrone, management visuel, etc.).

À partir du principe d'apprendre en faisant, il sera nécessaire de mettre en place :
* les principes de management visuel (méthode Obaya, Andon, et Kanban) ;
* les outils collaboratifs de base comme une plateforme (Team/SharePoint) et les modes collaboratifs associés (révisions, commentaires, etc.) ;
* les outils innovants de type réalité augmentée, modalité immersive, ou simple revue BIM en salle immersive ou en réunion présentielle/distancielle, etc. ;
* les outils de production sur site ou en paramétrage identique au centre.

8.3.   Une pédagogie de proximité opérationnelle

À partir des impératifs de projets et de production, et en fonction des populations et des équipes. Les méthodes de formation seront progressives et entremêlées sous la forme présentielle et distancielle.
* Enseignement des concepts et conduite accompagnée d'exercice par le formateur.
* Exercice de production par l'apprenant en autonomie.
* Atelier de production ou workshop :
  - mise en situation de groupe à partir d'une simulation de cas d'usage complet, permettant la mise en situation en phase « immersive de la problématique », mise en place de jeux d'acteurs ou de rôle. Reprise et adaptation des concepts enseignés ;
  - workshop de production sous la forme de WAR-Game ou hackathon.
* Accompagnement « on the job » sur cas réel du projet, toujours dans une logique de « faire avec » pour s'assurer du transfert de compétences.
* Éléments de contrôle de progression et de validation des acquis sous la forme de questionnaire rapide numérique (QCM).

9.   Conclusion

Notre démarche, que nous partageons aujourd'hui, correspond à notre savoir-faire développé au cours de ces 30 dernières années. Ce travail a été réalisé grâce à l'impulsion du fondateur, architecte et docteur en informatique, et grâce à la participation d'une bonne partie des membres qui ont traversé notre équipe et qui l'ont enrichie de leurs pratiques professionnelles et de leurs qualités d'enseignants. Cet article a certainement mis en évidence les exigences de toute entreprise intéressée à faire son premier pas dans le voyage de transformation numérique ou à accélérer ses pas si elle avait déjà adopté le BIM. Cependant, étant donné qu'il s'agissait d'un document conceptuel qui s'appuyait en grande partie sur des années d'expérience, les recherches futures devraient s'appuyer sur cela pour mener des études empiriques.

Remerciements

Mes remerciements vont dans l'ordre chronologique à Roland Levy, Nawar Zreik, Jacques Hababou, Marc Garnier, Nicolas Boutet, Aurélien Blanc, Katy Nizard, Rafik Zibouche, Nader Boutros, Billy Falola, Mohand Ait Hadi, Nicolas Lefort, Riyadh Mami, Stefan Saint James, Arminée Dossakian, Florence Grenier, Malak Benadada, Florian Bonhomme, Henry Abanda.

Références

Abanda F.H., Tah J.H.M. & Cheung F.K.T. (2017) BIM in off-site manufacturing for buildings. *Journal of Building Engineering*, Vol.14, pp. 89-102

Abanda F.H. & Whitlock K. (2017) Making a business case for BIM adoption. In: ICEASSM, 18th – 21st April, Accra, Ghana

Amin K. F. & Abanda F.H. (2017) Developing a business case for BIM for a design and build project in Egypt. In: ICEASSM, 18th – 21st April, Accra, Ghana

Atradius (2021) Industry Trends Construction Focus on sector business performance and credit risk. https://atradiuscollections.com/global/reports/industry-trends-construction-france-2021.html

Ossó A., Allan R.P., Hawkins E., Shaffrey L. & Maraun D. (2022) Emerging new climate extremes over Europe. *Climate Dynamics*, Vol. 58, pp. 487–501

Guide du corpus des connaissances en management de projet : (Guide PMBOK®)/Project management institute, ISBN : 978-1-62825-187-6, Newtown Square Pa.: Project Management Institute Inc.

Ressources internet

Portail de la transition numérique https://www.francenum.gouv.fr/

Plan France 2030 https://www.elysee.fr/emmanuel-macron/france2030

Bâtiment et numérique https://www.ecologie.gouv.fr/batiment-et-numerique

Association BuildingSmartFrance https://buildingsmartfrance-mediaconstruct.fr/

Association BuildingSmart https://www.buildingsmart.org/

Communauté européenne https://ec.europa.eu/info/index_fr

Comment le BIM et le Lean pourraient aider à enrayer la chute de production de logements ?

Bruno Lopes[1], Pierre Mounsi[2], Boubacar Seck[3]

[1] Professionnel libéral, chargé d'enseignements en management de projets de la construction (CESI, ESTP, Université Gustave Eiffel), bruno_lopes87@yahoo.fr

[2] Professionnel libéral, chargé d'enseignements juridiques et économiques (CESI et ESTP), pierremounsi@gmail.com

[3] CESI École d'ingénieurs, Centre de Paris-Nanterre, France, bseck@cesi.fr

Résumé

L'immobilier est un secteur industriel à part entière, mais qui ne se vit pas comme tel. Or il va devoir s'adapter, comme tous les autres secteurs économiques avant lui, aux réalités du marché économique. Une conjonction de plusieurs facteurs met en péril l'équilibre économique des projets de construction et/ou de rénovation et offre l'opportunité de mieux intégrer les évolutions technologiques et les nouveaux outils. Mais de nombreux obstacles restent à abattre pour réussir cette transition. Heureusement, des solutions et des méthodes existent et offrent des solutions, bien qu'il reste beaucoup de travail à faire.

Mots-clés

BIM, organisation, LEAN

Abstract

Real estate is an industrial sector in its own right but it is not seen as such, but it will have to adapt, like all the other economic sectors before it, to the realities of the economic market. A combination of several factors jeopardizes the economic balance of construction and/or renovation projects and offers the opportunity to better integrate technological developments and new tools. But many obstacles remain to be overcome to make this transition a success. Fortunately, solutions and methods exist and offer solutions, although much work remains to be done.

Keywords

BIM, Organisation, LEAN

1.   Introduction

Le secteur immobilier ralentit et fait face à de nombreux défis. Habituellement, lorsqu'un indicateur économique passe au rouge, différentes solutions s'offrent alors aux acteurs du secteur pour surmonter l'épreuve. Cette fois, ce n'est pas un, mais plusieurs indicateurs qui virent au rouge en même temps, au point que les obstacles à franchir se multiplient et que les solutions disponibles pour encaisser le choc s'amenuisent.

La spirale infernale s'est enclenchée début 2020, avec une recommandation du Haut Conseil de stabilité financière ayant rappelé à l'ordre les opérateurs de crédits en leur rappelant qu'il convenait d'appliquer avec rigueur les modalités d'évaluation de la solvabilité des emprunteurs, modalités qui avaient fait l'objet d'une interprétation souple jusque-là [1]. Cette instruction a été renforcée par la recommandation, du même conseil, de janvier 2021 [2]. L'estimation faite, pour la seule année 2020, par les organismes de crédits évaluait alors à environ 200 000 dossiers d'emprunts qui ne pourraient pas aboutir, sur 1 300 000 emprunts attribués cette année-là [3].

Le deuxième indicateur à passer au rouge fut plus classique et est inhérent à toutes périodes préélectorales, à laquelle il faut rajouter les effets de la crise Covid et de ses confinements successifs. C'est la diminution des demandes et de l'obtention des permis de construire, qui, à chaque fois, met en panne la machine de production [4]. Après une chute spectaculaire, la remontée fut tout aussi étonnante, mais s'explique en grande partie par l'avènement de la nouvelle réglementation environnementale [5].

C'est, en effet, le troisième indicateur clé à passer au rouge. Comme cela avait été observé lors de l'avènement de la réglementation précédente, la RT 2012, une anticipation des effets de l'entrée en vigueur de la norme a été faite par les industriels du secteur, qui ont préféré obtenir des permis selon la méthode qu'ils maîtrisaient (RT 2012) plutôt que de demander les autorisations à compter de janvier 2022 et d'être donc soumis à la nouvelle réglementation (RE 2020) [6]. Ce subit rebond ne s'est pas accompagné, en revanche, d'une hausse des mises en chantier, bien au contraire.

Le quatrième indicateur est évidemment la situation des approvisionnements en matières premières, matériaux de construire et autres produits nécessaires à l'édification du conflit russo-ukrainien et de la hausse, antérieure, du prix des matériaux.

À cela s'ajoute désormais la hausse des taux d'intérêt, les annonces de plusieurs grandes banques de restreindre encore l'accès aux crédits pour cette année en refusant les dossiers amenés par des intermédiaires, soit entre 35 et 40 % des dossiers [7].

Ainsi, le secteur immobilier se retrouve face à une problématique inédite, résoudre dans l'urgence une crise multifactorielle, et ce alors que, jusque-là, cette industrie ne nous a pas habitués à la même souplesse d'adaptation et de réactivité que les autres secteurs industriels.

Le secteur doit également, comme si ce n'était pas assez, d'une part faire face à l'entrée en vigueur de la réforme, partielle, du Code de la construction et de l'habitation, entrée en vigueur au 1er juillet 2021, qui bouleverse les modalités de gestion de projet de construction, et, d'autre part, poursuivre son assimilation des nouveaux outils numériques. Le BIM en est la méthode de gestion fédératrice et les acteurs du secteur doivent désormais déterminer sa rentabilité et son positionnement idéal dans la chaîne de valeur pour pouvoir profiter des gains de productivité qu'il promettait initialement.

C'est donc autour de ces deux problématiques centrales que doivent travailler les professionnels du secteur pour réussir à surmonter la crise :

- la réforme du Code de construction, et non la RE 2020, bouleverse l'économie de la construction en imposant de nouvelles études réalisables uniquement grâce au BIM (jumeau numérique) ;
- le financement des opérations de construction nécessite dès lors une augmentation très importante des investissements initiaux, nécessaires pour lancer les opérations.

2. Un contexte réglementaire qui explique en partie les difficultés

Les crises sont toujours l'occasion de voir se généraliser l'usage de nouvelles techniques, de nouveaux modes d'organisations, de nouvelles technologies, qui avaient été introduites quelque temps avant le choc, pour mieux le surmonter et retrouver un avantage concurrentiel.

Les niveaux de rentabilités obtenus avec les « méthodes traditionnelles » par les acteurs économiques leur ont souvent fait négliger, avant crise, les apports de ces nouveautés pour privilégier la surexploitation des moyens habituels. Or, lorsque survient la crise, la non-maîtrise de ces innovations et la perte de rentabilité des méthodes traditionnelles génèrent un effet ciseau catastrophique pour beaucoup d'entre eux et, par voie de conséquences, pour le consommateur.

Dans le secteur immobilier, ce sont les effets conjugués de la force de l'habitude sur les moyens et méthodes de productions, de la resolvabilisation, régulière depuis 2000, des clients, grâce à la baisse des taux d'intérêt et des dispositifs d'amortissements fiscaux et de la difficulté à intégrer au bon niveau les nouvelles technologies, qui peuvent expliquer les risques inhabituels que connaît le secteur.

Avec l'avènement du Code de la construction et de l'habitation, nouvelle mouture, au 1er juillet dernier, les modalités de gestion de projet ont été profondément revues. Bien qu'annoncée de longue date, cette évolution profonde n'a été anticipée ni par les maîtres d'ouvrage ni par les maîtres d'œuvre. Afin de s'assurer d'un suivi fidèle à son plan, le législateur a commencé, dans cette nouvelle mouture, par figer, imposer, le sens de vingt termes fondamentaux, afin d'harmoniser le vocabulaire au sein du secteur [8].

Pour bien comprendre ces évolutions, trois de ces vingt définitions doivent retenir l'attention, chacune étant numérotée, nous les prendrons par leurs numéros respectifs :

« 14°Objectif général : un objectif assigné au maître d'ouvrage par le législateur dans un champ technique au sens du présent article, précisé le cas échéant par les résultats minimaux à atteindre ;

16°Règle de construction : une disposition fixant des résultats minimaux ou les moyens permettant de respecter les objectifs généraux lors de la construction, l'entretien et la rénovation des bâtiments ;

7°Champ technique : un ensemble cohérent de règles de construction pour lequel un ou plusieurs objectifs généraux sont définis (…). Le titre V rassemble les champs techniques suivants, relatifs à la qualité sanitaire des bâtiments : réseaux d'eau, qualité d'air intérieur, acoustique, ouvertures, règles dimensionnelles, autres équipements. (…) et le titre VII sur le champ technique de la performance énergétique et environnementale. »

Une fois le vocabulaire posé, le législateur précise que « Tout projet de construction ou de rénovation de bâtiment respecte les objectifs généraux » explicités ensuite dans le code, et que « lorsque des résultats minimaux sont fixés par voie réglementaire pour respecter ces objectifs, ils doivent être atteints » [9]. Il n'y a donc plus aucune souplesse, en apparence, dans le respect des objectifs définis par l'État et tous les ouvrages sont concernés, aussi bien les neufs, c'est la RE 2020, que les anciens, c'est le CCH.

Ainsi, la gestion des projets de construction, ou la rénovation et donc la gestion du patrimoine existant, doit se plier à ces nouvelles modalités qui prévoient que « Chaque solution technique à laquelle recourt un maître d'ouvrage dans un projet de construction ou de rénovation de bâtiment respecte le ou les objectifs généraux définis pour le champ technique dans lequel elle est mise en œuvre. » [10].

Donc, une nouvelle chronologie de la gestion des projets immobiliers est établie par l'État. Cette chronologie débute par l'établissement de la liste des objectifs généraux du projet par le maître d'ouvrage, qui les livre ensuite au maître d'œuvre. Celui-ci établit alors le champ technique qui va décrire les modalités d'exécution du marché. Pour chaque solution technique, le champ technique décrit alors la mise en œuvre desdites solutions techniques et justifie de l'atteinte du ou des objectifs généraux.

Afin de favoriser le recours aux énergies renouvelables, les bâtiments font l'objet, avant leur construction ou la réalisation de travaux de rénovation énergétique, d'une étude de faisabilité technique et économique qui évalue les diverses solutions d'approvisionnement en énergie. Aussi, dès le dépôt du dossier de demande de permis de construire ou de la déclaration préalable de travaux, le maître d'ouvrage atteste de la réalisation de l'étude préalable ainsi que de la prise en compte des exigences énergétiques et environnementales.

Après l'achèvement des travaux ayant fait l'objet de la demande de permis de construire ou de la déclaration préalable, le maître d'ouvrage fournit à l'autorité qui a délivré l'autorisation un document attestant que les règles de construction en matière de performances énergétiques et environnementales ont été prises en compte par le maître d'œuvre ou, en son absence, par lui-même.

Déjà complexes, ces études sont surtout impossibles à mener sans un outil de virtualisation et de simulation qui soit à même de tester les différentes solutions, les différentes périodes climatiques et les impacts environnementaux pour, *in fine*, être en mesure de respecter les seuils de performances assignés par les objectifs généraux.

Pourquoi le jumeau numérique est-il en mesure de le faire ?

Par jumeaux numériques, il faut comprendre la représentation numérique fidèle d'un ouvrage et de ses systèmes. Soit la traduction exacte des différentes études techniques menées par les acteurs des études de conception et/ou de réalisation. Le point fort de cet avatar numérique réside dans la rigueur des informations géométriques et alphanumériques qu'il contient. De là, les responsables des études techniques peuvent tester, contrôler et simuler les différentes solutions en vue de retenir la plus performante vis-à-vis des objectifs et résultats de performance à fixer. Car, en plus d'une compréhension accrue apportée par les données volumétriques de ce type de représentation, s'ajoute la possibilité pour les experts de tester des solutions comparant des matériaux, des principes constructifs, des agencements favorables à l'utilisateur comme à l'entretien de l'ouvrage, bref à l'optimisation du projet si cher au certificat de performance énergétique, au certificat carbone ou à l'économie de matériaux. Ces travaux sont permis à la condition d'avoir des ressources impliquées dans la production de ces analyses et études à partir du jumeau numérique. Cela implique d'avoir des pilotes, de la démarche BIM, chargés de : réunir les besoins en amont des projets, suivre l'évolution de l'utilisation du jumeau numérique par les experts métiers et garantir la plus grande valeur ajoutée possible à l'utilisation de cet avatar.

Cette simulation coûte d'autant plus cher à établir qu'elle doit être réalisée à un moment du projet où il n'y a aucune certitude sur la validation du dossier par l'administration et, donc, sur la possibilité d'effectuer réellement les travaux, ou non et, donc, sur des perspectives de retour sur investissement. Rapportée à un promoteur immobilier, elle se situe à un instant où il n'a pas encore entamé la commercialisation, car il a besoin de ladite autorisation d'urbanisme pour pouvoir établir les contrats de vente.

Ainsi, la réglementation de la promotion immobilière de logement exige qu'« avant le commencement de son exécution » il doive être établi un contrat écrit contenant toutes les informations nécessaires à l'obtention de l'autorisation d'urbanisme [11 & 12].

Toutes ces dispositions combinées remettent profondément en cause l'équilibre économique des opérations immobilières, car la structure capitalistique des sociétés de promotions immobilières, comme les habitudes de gestion des maîtres d'ouvrage, leur faisait jusque-là négliger toute espèce de diagnostic préalable du bâti, en transférant sur les épaules du futur maître d'ouvrage, le client (locataire ou futur acquéreur), la responsabilité des études et des travaux préliminaires.

La réglementation prévoit même ce transfert de charges financières, dans le logement, par le biais des phasages de paiement coordonnés avec l'avancement des travaux [13]. Or, le plafonnement de cette rémunération, à ce moment du projet dans la nouvelle chronologie, ne permet plus aux opérateurs de marchés de mener à bien autant d'opérations qu'avant, puisque chacune va leur coûter beaucoup plus cher à lancer et qu'ils n'ont pas révisé à la hausse leur trésorerie pour faire face à ces évolutions prévisibles, durant les années de croissance [14].

Autrement dit, avec les mêmes moyens financiers qu'auparavant et des besoins de conception au moins deux fois plus coûteux, les promoteurs et les maîtres d'ouvrage ne peuvent plus financer que la moitié de ce qu'ils produisaient.

Cette réalité se reflète dans le niveau de productivité du secteur qui est faible au regard des autres secteurs économiques. Depuis 1995, ce qui correspond à la fin de la dernière grande crise immobilière, la productivité a quasiment doublé dans le secteur manufacturé, mais n'a pratiquement pas changé en immobilier.

3. Les évolutions récentes ont principalement permis d'amortir le choc de la hausse des prix du foncier

Pour l'heure, la transition numérique n'a pas permis de changer les équilibres, le secteur attend donc toujours la disruption [16]. Pourtant, durant la même période, les innovations technologiques ont été nombreuses et auraient dû contribuer à l'amélioration de la productivité des salariés du bâtiment (outils électroportatifs, ordinateur, tablette, outils de conception virtualisée, plateforme collaborative, géoréférencement…) ainsi qu'à l'abaissement du prix des produits autant que l'amélioration de leurs fonctionnalités, comme l'abaissement de leur impact environnemental et énergétique.

La réduction de la consommation énergétique des bâtiments est un enjeu. Les bâtiments ont un impact significatif sur la consommation d'énergie et les émissions de carbone. En particulier, les bâtiments intelligents sont réputés jouer un rôle crucial dans l'amélioration de la performance énergétique des bâtiments et des villes. La gestion d'un bâtiment intelligent nécessite la modélisation des données concernant les systèmes et composants intelligents. Aujourd'hui, faire un projet en BIM coûte aux constructeurs sans pour autant avoir la moindre justification chiffrée sur les gains apportés par tant d'efforts et d'investissements induits par ces tâches BIM.

La généralisation des demandes BIM contribue aussi à une volonté dans les marchés de projets immobiliers d'exiger un « BIM mature ». Plusieurs facteurs contribuent à cette généralisation. Parmi eux, le Plan de transition numérique du bâtiment (PTNB) éveillant les promoteurs et constructeurs sur les avantages que pouvait apporter le BIM. Les descriptions faites par les associations professionnelles telles que Médi@construct et, plus récemment, BuildingSmart France (BSF) ou encore Smart Building Alliance (SBA) poussent les acteurs de la construction à s'impliquer dans la mise en place de pratiques BIM en projets. Pour causes : les gains possibles sur la qualité des études de conception *via* la possibilité de produire de nombreuses études et simulations en amont du projet afin d'éliminer au plus les incertitudes et aléas lors de la construction.

La post-construction n'est pas en reste, SBA décrit une amélioration des interventions ultérieures sur l'ouvrage optimisée par l'utilisation de l'avatar numérique plus précis que les traditionnels plans 2D du dossier des ouvrages exécutés (DOE).

Des documents techniques, proposés sous forme de guide technique par ces associations de professionnels, définissent des démarches à mettre en place lors des projets de construction dans le but d'assurer la bonne mise en pratique du BIM en projet.

Deux cas de figure se distinguent majoritairement, d'une part, les projets pour lesquels la démarche BIM est cadrée par des exigences contractuelles. D'autre part, les projets pour lesquels elle est volontairement mise en place par les titulaires à partir de besoins estimés par ces deniers.

Dans ces cas de figure, il est courant que les titulaires se réunissent pour définir une démarche commune quant au contenu de la maquette numérique ainsi qu'aux démarches de configuration et échanges de ces maquettes numériques.

Les démarches BIM des marchés de construction de logements se voient, en grande partie, cadrées par deux documents différents : le cahier des charges BIM et la convention BIM.

Cette pratique est répandue dans d'autres secteurs de la construction, marchés privés comme publics, notamment depuis l'arrêté du 30 septembre 2021 du CCAG travaux les reconnaissant (cahier des clauses administratives générales) [17].

Le cahier des charges est utilisé comme le volet BIM de marchés précisant les exigences et les objectifs du maître d'ouvrage. C'est pourquoi une trop grande légèreté dans la rédaction de cette pièce peut entraîner des effets indésirables. Parmi ces effets, des propositions de candidats décorrélées des exigences du maître d'ouvrage et des différences notables entre les propositions techniques d'un appel d'offres. De plus, une fois contractualisé, le titulaire peut utiliser les failles du cahier des charges pour se défaire de certaines actions BIM. Cela peut conduire à des blocages, *via* des réclamations, en cours de projet en cas d'insistance de la part du maître d'ouvrage.

Il est donc recommandé de définir une démarche BIM de projets, tout comme de marchés, qui soit structurée autour d'une étude de besoin menée *via* des outils de management de projet.

Pour ce travail de définition, il est possible d'utiliser les outils de l'analyse fonctionnelle de type APTE (application aux techniques d'entreprises). Cette méthode permet d'identifier les besoins en BIM et d'en déduire les fonctions et résultats y répondant. En effet, une analyse du besoin permettra de déduire : à qui la démarche BIM rendra-t-elle service, sur quoi et/ou sur qui agira-t-elle et donc dans quel but doit-elle être déployée ?

Une fois le besoin déduit, une analyse fonctionnelle détermine ensuite l'ensemble des fonctions à mettre en place sur le projet pour répondre au besoin. En définitive, cette analyse alimentera grandement les parties fondamentales du cahier des charges BIM.

Les résultats de cette analyse délimitent les besoins BIM de la manière suivante :

- les actions BIM (fonctions) à déployer par ordre de priorité au regard des besoins et de la configuration du projet ;
- les acteurs en charge de produire ces actions, identifiant ainsi les rôles et responsabilités des acteurs impliqués par la démarche ;
- les résultats à obtenir à la suite de la réalisation des actions BIM, ciblant uniquement les productions nécessaires pour satisfaire les besoins de sorte à en déduire les livrables à demander aux titulaires ;
- les temporalités, tant pour la production que pour la réception des résultats. Ainsi, la caractérisation du niveau d'urgence des tâches est attribuée ;
- le degré d'écart (flexibilité) acceptable pour chaque production listée. Essentiel pour connaître la marge d'acceptabilité des produits à fournir.

Cette analyse coïncide avec les principes d'une démarche de LEAN management. Les sources de gaspillages sont identifiées lors de l'analyse fonctionnelle. Une grande partie des MURI est éliminé de la démarche par la suppression des tâches n'apportant pas suffisamment de valeur ajoutée au besoin. Car toute fonction identifiée à faible valeur ajoutée ou à non-valeur ajoutée est catégorisée et écartée de la liste des fonctions principales à mettre en place.

De même pour les MURA caractérisés par la surcharge des acteurs. Le fait de limiter les actions de production pour se concentrer principalement sur celles proposant des valeurs ajoutées significatives limite la quantité de tâches à répartir aux acteurs du projet et donc à augmenter leur charge de travail.

De là, certains promoteurs peuvent y déceler des besoins BIM indirects pour leur activité, car la démarche servira directement son ou ses titulaires, agira principalement sur ces derniers et aura pour but premier de leur permettre de consolider les résultats de leurs prestations. Les avantages seront donc indirects pour lui. Peut s'ajouter à ce fait le manque de moyens du promoteur quant à l'utilisation des résultats d'une démarche BIM durant la réalisation du projet. Dans ce cas, le promoteur peut être tenté de renoncer à contractualiser une démarche et des produits BIM dans ses projets du fait du peu d'impact direct sur ses intérêts. Pourtant, une consolidation des prestations des titulaires entraînerait des répercussions positives sur les intérêts du projet et donc du promoteur.

Pour se décider, le promoteur peut mesurer la balance financière entre l'investissement dans ses volets BIM et les gains financiers qu'il tirerait de la consolidation des prestations de son ou ses titulaires. Par gains apportés par une démarche BIM, il ne m'est pas rare de constater une diminution des risques liés à l'obtention d'études techniques trop sommaires, difficiles à contrôler et même vecteurs d'aléas importants lors de la réalisation sur site.

En définitive, sans une approche étudiée par des outils adéquats et basée sur l'utilisation aveugle de référentiels, le risque de mettre en place une démarche BIM décorrélée de la réalité du projet et de ses acteurs s'avère important. Quant aux gains possibles apportés par une telle démarche sur le projet, ils seront peu ou prou mesurables durant le projet tout comme une fois terminé.

L'autre document régulièrement employé en projet en BIM est la convention BIM. Elle formalise entre le donneur d'ordre et les titulaires la ligne directrice de toute la démarche BIM de la conception ainsi que la réalisation. Même si les référentiels, tout comme l'arrêté du 30 septembre 2021 du CCAG travaux, indiquent qu'il est préférable de rendre ce document contractuel, il n'en reste pas moins délicat de le faire. Tout d'abord, car la rédaction des versions opérationnelles se fait avec des titulaires s'étant déjà engagés sur des pièces contrac-tuelles lors de l'attribution des marchés. Donc l'insertion d'exigences non présentes dans les pièces peut entraîner une demande de négociation de la part des titulaires, ou même un refus de s'y conformer. Malgré ce risque, il est rappelé par les référentiels BIM que la convention BIM est vouée à être amendée tout au long du projet dans le but de s'adapter aux évolutions du projet.

Se pose alors le dilemme de l'équilibre financier des différents acteurs si, d'une part, le titu-laire se voit demander des prestations qui n'étaient pas présentes dans les pièces contractuelles de son marché. De l'autre, un donneur d'ordre sollicité par les titulaires à financer les chan-gements induits par les divers amendements de la convention BIM.

Si tout amendement de la convention BIM est nécessaire afin d'assurer les intérêts du projet, ils devront tout de même respecter les attentes stipulées par les marchés des titulaires. Pour s'en assurer et ainsi limiter les risques et dérives, il est recommandé d'adopter une démarche mesurée. Plus particulièrement en exploitant les outils d'analyses VSM (Value Stream Mapping) du LEAN management de sorte à cibler au mieux l'ensemble des tâches BIM n'apportant pas suffisamment de valeurs ajoutées pour le projet ou bien pour le donneur d'ordre. De même, il est préférable de réduire les risques d'écarts pénalisant les titulaires. Pour cela, l'utilisation d'analyses assurant l'élimination des gaspillages de type MURI, MURA et MUDA peut s'avérer très efficace. Notamment en mesurant la charge supplémentaire induite par l'ajout des actions BIM telles que des rendus intermédiaires et/ou réunions d'avancement trop rapprochés. Mais aussi en favorisant le lissage des tâches dans la durée, évitant ainsi les pics de charge des titulaires. La planification des tâches majeures et des rendus BIM doit tenir compte des dates importantes des autres lots.

Sans oublier de rester critique sur l'utilité des tâches demandées en analysant l'apport réel de cette dernière au projet. Car, en théorie, de nombreux usages BIM peuvent être perçus comme bénéfiques au projet. Néanmoins, c'est la mesure de la pertinence de ces derniers dans le contexte du projet qui permet de statuer sur leur intérêt pour le projet.

Dans sa globalité, la démarche BIM doit être pensée en respectant l'équilibre entre les exigences formulées et les capacités des acteurs à répondre à ce type d'exigences. C'est là que réside la notion de « BIM mature ».

Toutefois, beaucoup de blocages demeurent importants, notamment pour réussir à réaliser un smart building dans un modèle unique au format propriétaire ou au format IFC. Parmi les problématiques évoquées, nous avons relevé celles-ci :

- L'utilisation de la donnée recueillie sur le bâtiment est réglementée, entre autres, par le Règlement général sur la protection des données (RGPD) qui s'adresse à toute structure privée ou publique effectuant de la collecte et/ou du traitement de données, et ce, quels que soient son secteur d'activité et sa taille, y compris les sous-traitants [18]. Parmi les principes de cette réglementation, il y a « la protection des données dès la conception » qui impose aux organisations de prendre en compte des exigences relatives à la protection des données personnelles dès la conception des produits, services et systèmes exploitant des données à caractère personnel, c'est-à-dire toutes celles « se rapportant à une personne physique identifiée ou identifiable », directement (nom, prénom…) ou indirectement (identifiant, numéro…). Pour d'autres acteurs, cette situation semble plus aisée si l'utilisateur donne son accord et des blocages demeurent ailleurs.

- Les fabricants de capteurs souhaitent conserver les protocoles de leurs technologies protégés. Or pour représenter ces systèmes (capteurs IoT, actuateurs…) dans un modèle BIM supporté, par exemple, par le format IFC, ces aspects doivent être représentés. La solution résiderait dans la standardisation des données de sortie de ces systèmes, ce qui permettrait de les représenter sans dévoiler leur fonctionnement. Malgré les idées reçues, la maquette numérique seule n'a pas vocation à centraliser tant d'informations en entrée et en sortie de façon synchrone. C'est donc un écosystème qui doit fonctionner en liaison avec l'ensemble des données de l'ouvrage, dont le modèle BIM.

- L'idée du smart building est complexe pour beaucoup d'acteurs, car le comportement de l'utilisateur est trop imprévisible. Le smart building permet d'anticiper le comportement des usagers de manière empirique, mais celui-ci demeurerait trop inconstant. Ainsi, il vaudrait mieux informer l'utilisateur avec des données issues des capteurs pour qu'il programme lui-même des systèmes du bâtiment tels que le chauffage et adapte de manière consciente son comportement.

4.   Conclusion

Il n'appartient évidemment pas à un secteur industriel de résoudre, seul, les problèmes économiques qui touchent une nation, voire un continent, mais à son niveau ce secteur peut déjà s'inspirer des moyens mis en œuvre depuis des décennies dans les autres secteurs économiques pour faire face à la concurrence et la mondialisation.

Le secteur immobilier a rarement eu besoin d'affronter cette réalité puisque, par définition, un projet immobilier français se situe sur le territoire national et est donc non délocalisable. Cette protection de la concurrence extérieure a contribué à retarder la mutation d'un secteur industriel très en retard sur les autres.

Mais l'émergence coordonnée de plusieurs facteurs de remises en cause de l'équilibre économique impose désormais de prendre le taureau par les cornes.

Or, plusieurs points de blocages sont à lever pour résoudre l'équation, pour rester au seul niveau du secteur immobilier. En résolvant les trois points principaux, la plupart des points durs disparaîtront et apporteront dans le même temps une réduction des coûts de construction, donc du prix et une resolvabilisation des ménages par l'amélioration de l'offre et non l'augmentation de l'endettement à long terme.

Le premier point, juridique, indique qu'il est peut-être temps de réviser la législation sur les phasages de paiement et les niveaux d'avancement de paiement pour les mettre en adéquation avec l'augmentation des coûts et le nombre des études de conception nécessaire au lancement du projet.

Le deuxième point, financier, bien qu'organisationnel, est de travailler sur une vraie amélioration des méthodes de production. À ce jour, le LEAN management n'a été introduit que lors d'opérations ponctuelles, or cette vision de la production, pour être efficace, devrait être positionnée sur l'ensemble d'une activité, pas simplement sur la fabrication d'un produit. Par ailleurs, le LEAN prend comme point d'entrée le client et son besoin, alors que les « bêta-testeurs » ne l'ont utilisé qu'afin de trouver le moyen d'économiser en coût de construction pour détecter les points de pertes de valeurs ajoutées.

Le troisième point, technique, est l'état de la transition numérique des entreprises du bâtiment. Il faut fixer, pour commencer, un standard de langage des échanges de données pour favoriser, sur l'ensemble de la chaine de valeur, l'interopérabilité et la transition numérique. Si ce n'est pas fait, les mêmes difficultés continueront de produire leurs effets délétères. Chaque projet, à l'issue de l'appel d'offres, recompose son équipe, rendant ainsi très difficile la mise en œuvre d'économies d'échelle. Et si chaque projet a son équipe, chaque entreprise, à défaut de standard, doit s'attendre à voir les outils numériques changer et doit se former à tous les systèmes existants. C'est encore un surcoût et des risques inutiles.

Par exemple, un modèle conceptuel exprimé en langage SysML a été proposé pour définir un bâtiment intelligent. Cinq approches BIM ont été identifiées comme des « prototypes » potentiels pour représenter et échanger des informations sur les bâtiments intelligents. La fidélité de chaque approche est vérifiée par un processus de validation basé sur le BIM à l'aide d'une plateforme de visualisation open source. Les différents prototypes ont également été évalués à l'aide d'une méthode de comparaison multicritère, afin d'identifier l'approche privilégiée pour modéliser et gérer les informations du bâtiment intelligent. L'approche privilégiée a été prototypée et testée dans un cas d'utilisation axé sur la surveillance de la consommation d'énergie du bâtiment, afin d'évaluer sa capacité à gérer et à visualiser les données du bâtiment intelligent. Le cas d'utilisation a été appliqué dans une étude de cas réelle, à l'aide d'un démonstrateur grandeur nature, à savoir, le smart building « Nanterre 3 » (N3) situé sur le campus du CESI à Paris-Nanterre. Les résultats ont démontré qu'un format BIM ouvert sous la forme d'IFC pouvait permettre une modélisation adéquate des données des bâtiments intelligents sans perte d'informations. Les extensions futures de l'approche proposée ont finalement été décrites.

Avec la nouvelle méthode de gestion de projet imposée par la réforme du Code de la construction et de l'habitation, qui impose de tout simuler pour établir les certificats environnementaux, énergétiques, matériaux (appelé communément déchets), le jumeau numérique s'impose. Le BIM se concentre donc en phase conception.

Une dernière source d'économie apparaît dès lors, puisqu'il faut un jumeau numérique pour obtenir l'autorisation d'urbanisme, ce n'est qu'à ce stade que les plans d'exécution sont disponibles. Il est alors possible d'établir un appel d'offres avec plus de précisions sur les quantités et références, ainsi que le juste niveau de compétences nécessaires pour fabriquer. Les entreprises sélectionnées pourront à nouveau se concentrer sur leur cœur de savoir-faire, fabriquer, et non concevoir et fabriquer, ce qui a été source de tant de problèmes et de dérives.

Enfin, les investissements consentis dans cette évolution seront gagnés en économies de délais, de matériaux, de désordres… L'immobilier sera alors arrivé au niveau des autres secteurs industriels.

Références

[1] Haut Conseil de stabilité financière, Recommandation N° R-HCSF-2019-1 relative aux évolutions du marché immobilier résidentiel en France en matière d'octroi de crédit, 20 décembre 2019,

[2] Recommandation_R-HCSF-2021-1.pdf (economie.gouv.fr)

[3] Crédit immobilier : 200 000 ménages exclus de l'emprunt en raison du durcissement des règles ?, TF1 INFO

[4] Quand les villes freinent les permis de construire juste avant les élections… (batiweb.com)

[5] Nouveau record pour la construction de maison individuelle (maisons-sanem.fr)

[6] La RE 2020 donne lieu à un rebond des permis de construire (batiweb.com)

[7] Crédit immobilier : Société Générale et Crédit du Nord refusent désormais les dossiers issus des courtiers (moneyvox.fr)

[8] Article L111-1 – Code de la construction et de l'habitation – Légifrance (legifrance. gouv.fr)

[9] Article L112-1 – Code de la construction et de l'habitation – Légifrance (legifrance. gouv.fr)

[10] Article L112-4 – Code de la construction et de l'habitation – Légifrance (legifrance. gouv.fr)

[11] Article L222-3 – Code de la construction et de l'habitation – Légifrance (legifrance. gouv.fr)

[12] Article R222-5 – Code de la construction et de l'habitation – Légifrance (legifrance. gouv.fr)

[13] Article R222-7 – Code de la construction et de l'habitation - Légifrance (legifrance. gouv.fr)

[14] Article R222-8 – Code de la construction et de l'habitation - Légifrance (legifrance. gouv.fr)

[15] Why Haven't Buildings Become Productised? An Exploration of the Possibilities and Barriers to Buildings of the Future, This Is Construction

[16] Coût de la construction (et estimations de budget) – Architecte de Bâtiments (architecte-batiments.fr)

[17] Arrêté du 30 septembre 2021 modifiant les cahiers des clauses administratives générales des marchés publics – Légifrance (legifrance.gouv.fr)

[18] Le règlement général sur la protection des données (RGPD), mode d'emploi | economie. gouv.fr

Comment enseigner la simulation de la performance énergétique pour les étudiants en architecture ?

Aida Siala[1], Gilles Halin[2] et Abdelwaheb Bani[3]

[1] École doctorale EDSIA, ENAU, Université de Carthage,
Aida.siala@gmail.com

[2] Laboratoire MAP-CRAI, ENSA Nancy, Université de Lorraine,
gilles.halin@univ-lorraine.fr

[3] Équipe de rechercher UIK, Université IBN Khaldoun,
baniabdelwaheb@yahoo.fr

Résumé

La compétence en simulations de la performance énergétique (SPE) est un atout fondamental pour un architecte. Être capable de lire des résultats de simulation et d'adapter sa conception en conséquence est devenu une capacité essentielle chez les architectes diplômés. Cependant, enseigner la SPE aux étudiants peut être difficile, souvent en raison de la complexité des logiciels et des méthodes, mais aussi de la multitude des informations qui entrent en jeu. Cet article discute d'abord du paradigme d'enseignement et de la méthode pédagogique adaptés à la SPE. Il définit ensuite les indicateurs de performance impliqués dans l'activité d'optimisation et propose une première approche d'optimisation basée sur trois différentes méthodes de simulation qui dépendent de la phase de conception en question et du niveau de maitrise des étudiants cibles. Cette approche doit à présent être expérimentée dans des environnements pédagogiques adaptés afin d'être évaluée.

Mots-clés

Optimisation, simulation énergétique, amélioration de la performance, approche didactique

Abstract

Competence in Energy Performance Simulations (EPS) is a fundamental asset for an architect. Being able to read simulation results and adapt one's design accordingly has become an essential skill among graduate architects. However, teaching SPE to students can be challenging, often due to the complexity of software and methods, but also due to the wealth of information involved. This paper first discusses the EPS adapted teaching paradigm and pedagogical method. It then defines the performance indicators involved in the optimization activity and proposes a first optimization approach based on three different simulation methods that depend on the design phase in question and the level of mastery of the target students. This approach must now be tested in appropriate educational environments in order to be evaluated.

Keywords

Optimization, energy simulation, performance improvement, didactic approach

1.   Introduction

La conception durable favorise des espaces de vie plus confortables et réduit considérablement l'empreinte environnementale des bâtiments. La prise en compte de la durabilité durant la phase de conception favorise le bien-être de l'occupant et minimise les besoins en ressources naturelles (Bragança *et al.* 2014). Dans une approche traditionnelle de conception, le besoin en informations détaillées sur le projet positionne la réalisation de la simulation de la performance énergétique (SPE) à un stade tardif du processus de conception. Avec l'avènement du BIM, les pratiques ont évolué où les efforts d'optimisation sont investis au début de la conception pour en maximiser les profits. L'usage des outils de simulation est possible du début jusqu'à la fin du projet de bâtiment et le processus de prise de décision est simplifié. Cela est rendu possible à l'aide des modèles et des outils BIM ; à un stade avancé de la conception, les modèles contiennent les informations nécessaires à la SPE (ex. données météorologiques, orientation, données géométriques, charges spatiales, types de construction, propriétés thermiques associées, etc.) et, à un stade précoce de la conception, ces outils permettent d'intégrer des indicateurs de performance et de simuler le comportement du bâtiment dès les premières ébauches de conception. Cette activité itérative de simulation aide le concepteur à produire une architecture moins énergivore et plus respectueuse de son environnement.

La SPE du bâtiment est une activité qui incombe surtout aux ingénieurs et aux thermiciens. Avec le développement des outils BIM, l'intégration des outils de simulation et d'analyse et l'apparition des approches d'optimisation dès les premières étapes de la conception, la SPE est devenue étroitement liée au travail de conception architecturale et ainsi essentielle à la formation des étudiants en architecture. Si l'on veut que les architectes de demain puissent relever les défis de la transition écologique, il est important de sensibiliser les étudiants dès à présent aux méthodes et aux stratégies d'optimisation de la performance énergétique et de les stimuler à agir et à adopter des approches architecturales plus responsables. C'est dans cette perspective que nous proposons dans le présent article une nouvelle approche d'optimisation adaptée à l'enseignement de la SPE et à l'évolution du niveau de maitrise des étudiants cibles.

2. Paradigme d'enseignement

Les études sur les approches pédagogiques d'enseignement de la SPE se sont multipliées ces dernières années en architecture comme en ingénierie. À travers une revue de littérature exhaustive et critique, Alsaadani a distingué trois différents paradigmes d'enseignement selon les prérequis des étudiants et le niveau de maitrise envisagé par la formation (Alsaadani 2019), à savoir :

- *l'expert* : possède une connaissance approfondie de la théorie et de la simulation dans le domaine de la physique du bâtiment. Ce paradigme a pour objectif de former l'étudiant en architecture à devenir un expert en SPE ;
- *l'interprète* : possède les connaissances fondamentales pour diriger et interpréter des simulations. Ce paradigme tente de former l'étudiant pour qu'il devienne autonome face à la simulation ;
- *le consommateur* : capable d'interpréter les résultats de la simulation, réalisée par un outil de simulation, et de prendre des décisions en fonction de ces résultats.

Avec les méthodes de génération de formes complexes, les outils de simulation sont devenus nécessairement plus complexes, impliquant des modèles mathématiques avancés et des ressources de calcul élevées pouvant analyser différents phénomènes physiques. Cette évolution technologique a en quelque sorte écarté le besoin du professionnel expert ou interprète en faveur du consommateur (Fernandez *et al.* 2020). Cependant, par manque de connaissances fondamentales, ce dernier est susceptible de générer des prédictions non fiables ou d'avancer de fausses hypothèses de simulation (Mahdavi 2020). Il est ainsi nécessaire de former des experts ou des interprètes même si la profession demande de simples consommateurs. Pour former des experts, Beausoleil-Morrison a proposé de théoriser l'apprentissage de la SPE en l'intégrant dans le cours de physique du bâtiment (Beausoleil-Morrison 2019), tandis que Fernandez a proposé de les former avec la pratique, à travers une interaction fluide et progressive avec les outils de simulation (Fernandez *et al.* 2019). Une approche qui a été ensuite soutenue et approfondie par Gentile (Gentile *et al.* 2020).

De notre point de vue, l'enseignement de la SPE ne peut pas être envisagé d'une manière complètement théorique. La maitrise des méthodes de modélisation et de la connexion entre les outils de modélisation et de simulation nécessite forcément un apprentissage par la pratique. Nous rejoignons ainsi Fernandes et Gentile dans l'approche d'enseignement de la SPE par la pratique. Afin d'assurer cet aspect pratique de la formation et ayant conscience que, dans les approches existantes de la SPE, les pratiques de modélisation et de simulation se trouvent étroitement liées, il est nécessaire d'intégrer la formation de la SPE en ateliers d'informatique tout au long du cursus de formation en architecture. Cela permettra d'éveiller chez les étudiants une sensibilité continue aux approches de conception durable. Dans une telle approche, le paradigme d'enseignement doit changer d'une étape à une autre (consommateur à expert) pour s'adapter aux acquis des étudiants sur les questions énergétiques du bâtiment, mais également en matière de pratiques de modélisation. Ainsi, et en tenant compte de la complexité des outils de simulations, nous soutenons un paradigme d'enseignement évolutif alliant le consommateur et l'interprète. Cela permet de commencer à introduire la SPE en deux étapes. En cycle licence, où les étudiants n'ont pas encore eu de formation fondamentale sur la performance énergétique du bâtiment[1]. L'objectif à ce stade est de former des étudiants consommateurs à être capables de gérer le flux de travail de conception-simulation permettant d'améliorer la conception. En concordance avec les acquis en atelier d'informatique, cette première initiation à la SPE peut être envisagée en continuité avec l'initiation à la modélisation conceptuelle et/ou schématique (APD) du projet. Une séance d'explication des notions de base de l'énergétique du bâtiment est toutefois indispensable à ce stade. En cycle mastère, où les étudiants ont déjà acquis une certaine maitrise de l'activité de conception-simulation et ont eu une formation approfondie sur les fondements théoriques de l'énergétique du bâtiment. À ce stade, les étudiants peuvent passer au paradigme « interprète », ainsi, ils seront non seulement capables de définir des hypothèses et de prédire des scénarios d'optimisation fiables, mais aussi de lancer les simulations, d'interpréter les résultats et d'améliorer la conception en fonction de ces résultats. En concordance avec les acquis en atelier d'informatique, cette seconde étape de la formation de la SPE peut porter aussi bien sur la modélisation détaillée que sur la totalité du processus de conception.

3. Méthode pédagogique

Étant un enseignement relativement récent dans la formation des étudiants en architecture, plusieurs chercheurs se sont intéressés à l'introduction de la SPE dans la formation en vue de proposer des méthodes pédagogiques adaptées et réutilisables. Parmi ces méthodes, on citera principalement celles basées sur la compétitivité, celles favorisant la mise en situation réelle et celles s'intéressant au contrôle.

3.1. Méthodes basées sur la compétitivité

Les méthodes basées sur la compétitivité cherchent à inciter les étudiants à améliorer et à optimiser des solutions de conception suivant des méthodes qui renforcent la curiosité, la fantaisie et l'envie de gagner. Ces méthodes diffèrent selon le niveau de maitrise des étudiants. Dans la méthode basée sur la compétitivité qui s'adresse aux débutants, proposée par Zweifel (Zweifel 2017), l'enseignant fournit aux étudiants un bâtiment modélisé, dont un certain nombre de paramètres n'a pas été optimisé. Les étudiants doivent ainsi identifier et optimiser ces paramètres en choisissant les scénarios d'optimisation. L'exercice se déroule sous forme de concours, où le premier groupe (ayant eu la plus faible consommation énergétique) remporte un prix (ex. un cadeau ou une attestation fournie par l'enseignant). Cette méthode se concentre sur les compétences de simulation puisque les étudiants disposent d'un modèle prêt et fonctionnel dès le début de la formation. Reinhart suggère une autre méthode qui s'adresse également aux débutants et qui se concentre sur la façon d'informer le modèle

---

1 Cours de traitement de l'enveloppe en Tunisie.

(Reinhart *et al.* 2012). Dans cette méthode, une large gamme de solutions de conception et d'optimisation est donnée par l'enseignant. Le rôle des étudiants ici est de choisir et de modéliser la solution de conception, puis d'informer le modèle avec la solution d'optimisation choisie. Pour renforcer la compétitivité, les groupes d'étudiants ayant obtenu la consommation énergétique la plus basse avec des coûts acceptables reçoivent des crédits supplémentaires à l'examen. Comparée à la première, cette méthode est plus globale. Elle s'étale sur toute l'activité de conception-simulation. Elle écarte toutefois la prédiction des scénarios d'optimisation, puisque ceux-ci sont fournis par l'enseignant.

3.2.   Méthodes de mise en situation réelle

La mise en situation réelle est une méthode très stimulante pour les étudiants. L'une de ces méthodes met en place une interaction avec des experts de la SPE issus du monde professionnel (Charles et Thomas 2009). Ces experts interviennent comme consultants de manière ponctuelle et répétitive, pour fournir aux étudiants des conseils spécifiques sur l'optimisation de la performance. Cette méthode propose une aide aux étudiants dans le choix des solutions d'optimisation, ce qui nécessite, dans la majorité des cas, énormément de temps et d'interventions afin de combiner plusieurs solutions. Une autre méthode de mise en situation réelle se concrétise par le lancement d'un concours, ouvert aux participants à la fois du milieu universitaire et professionnel, avec pour objectif de réaliser les solutions du lauréat. Cette méthode, proposée par Togashi, encourage les étudiants par la valorisation de leurs travaux (Togashi *et al.* 2020). Une telle méthode requiert un niveau de maitrise élevé et ne peut pas être envisagée comme paradigme pour notre enseignement.

3.3.   Méthodes de contrôle

La première méthode de contrôle de l'apprentissage dans l'enseignement de la SPE a été proposée par Gentile (Gentile 2019 ; 2020), puis adoptée et approfondie ensuite par Tomaszewska (Tomaszewska *et al.* 2021). Il s'agit d'une approche dédiée aux débutants, où les scénarios d'optimisation sont fournis aux étudiants, accompagnés des résultats de simulation correspondants. De ce fait, en cas de différences des résultats, l'étudiant peut savoir s'il s'agit d'une erreur ou d'un écart engendré par les calculs sous-jacents. Quand il s'agit d'une erreur, l'étudiant peut facilement la détecter et vérifier en détail où elle a été commise. Cette méthode permet à l'étudiant d'apprendre, étape par étape, à être plus autonome et lui permet d'apprendre de ses erreurs. Elle correspond bien au paradigme que nous souhaitons mettre en place dans notre enseignement et, plus particulièrement, en cycle licence, où l'étudiant est un « consommateur ».

4.   Définition des indicateurs de performance

Pour envisager la simulation de la performance énergétique du bâtiment dans les premières phases de conception, plusieurs indicateurs de performance doivent être identifiés et sélectionnés. Ces indicateurs peuvent être regroupés en deux principaux types, à savoir : les indicateurs contextuels et les indicateurs conceptuels.

4.1.   Les indicateurs contextuels

Il s'agit des informations qui sont en rapport avec le contexte du projet (des données) et qui représentent les indicateurs clés sur lesquels repose le travail de simulation, en autres :

– *les indicateurs règlementaires* : concernant le règlement thermique en vigueur (ex. label thermique, le besoin du confort énergétique en hiver et en été, etc., résistance thermique minimale des matériaux, etc.) ;

– *les indicateurs environnementaux* : incluent la géolocalisation du projet, les données météorologiques, son géoréférencement (orientation et coordonnées) et les informations concernant l'environnement immédiat (masses des constructions voisines, végétation existante, etc.) ;

– *les indicateurs économiques* : comme le budget, les ressources énergétiques (électrique, gaz, photovoltaïque) et les ressources en matériaux ;

– *l'objectif d'optimisation* : qui est défini conjointement par le maitre d'ouvrage et les concepteurs.

Les indicateurs de base sont définis durant la phase de préconception et sont à prendre en compte durant le processus de conception.

4.2.   Les indicateurs conceptuels

Ces indicateurs relèvent des choix des concepteurs. Ils dépendent de la phase de conception en question et peuvent être classés comme suit :

– *les indicateurs formels* : durant la phase conceptuelle (APS), le projet est modélisé d'une manière volumétrique. Ainsi, pour lancer une simulation énergétique, il est nécessaire d'ajouter à la volumétrie du projet une prédéfinition de la zone du périmètre[1], de sa profondeur et de ses divisions, du pourcentage d'ouverture de l'enveloppe, de la hauteur moyenne des ouvertures et de la profondeur des brises solaires, le cas échéant. Après la phase conceptuelle, le projet est modélisé avec les éléments de construction et comporte, par conséquent, toutes ces informations ;

– *les indicateurs fonctionnels* : au début de la conception (APS), la simulation énergétique est faite d'une manière estimative. À ce stade, il s'agit d'un ensemble d'indicateurs fonctionnels globaux concernant le type du projet à construire (ex. habitation, administration, commerce), ses paramètres énergétiques (ex. taux d'occupation par personne, plages horaires d'occupation, d'éclairage, de conditionnement, etc.) et son planning opérationnel global (ex. nombre de jours par semaine et nombre d'heures par jour, etc.). Durant les phases APD et EXE, les indicateurs fonctionnels sont spécifiés par espace, incluant un paramétrage énergétique précis (ex. surface par personne, densité de la charge d'éclairage, etc.) ;

– *les indicateurs constructifs* : décrivent les types d'éléments de construction envisagés et les propriétés thermiques des matériaux associés. Durant la phase APS, ces indicateurs sont prédéfinis d'une manière globale (sur l'ensemble du projet), à partir de bases de données disponibles à l'échelle de la masse (indicateurs constructifs globaux) (ex. caractéristiques thermiques des murs extérieurs et des toitures). Durant la phase APD, ces indicateurs sont également définis à partir de bases de données, mais sont plus spécifiques étant associés aux

---

1   La zone du périmètre indique les volumes qui sont en contact direct avec l'extérieur.

éléments de construction génériques utilisés dans le modèle. Dans la phase EXE, ils sont remplacés par les propriétés des éléments de constructions détaillés du modèle (matériaux des couches constitutives) ;

– *les indicateurs d'équipement CVC* : durant la phase APS, ces indicateurs peuvent être prédéfinis d'une manière globale sur l'ensemble de la masse (indicateurs d'équipement CVC globaux) (types des systèmes de refroidissement, de chauffage, etc.) et d'une manière spécifique durant la phase APD (indicateurs d'équipement CVC spécifiques). Dans la phase d'exécution, ces indicateurs sont remplacés par les équipements personnalisés utilisés dans le modèle détaillé.

Les indicateurs conceptuels sont indispensables à la simulation énergétique et doivent être informés avant le lancement de la simulation pour avoir des résultats d'évaluation exhaustifs. Le besoin en paramétrage des indicateurs conceptuels diminue au fur et à mesure de l'avancement de la conception et de l'enrichissement de la maquette numérique « Figure 1 ». Pour des fins de comparaison entre différents scénarios d'optimisations de performance énergétique, certains indicateurs peuvent être remplis à titre indicatif.

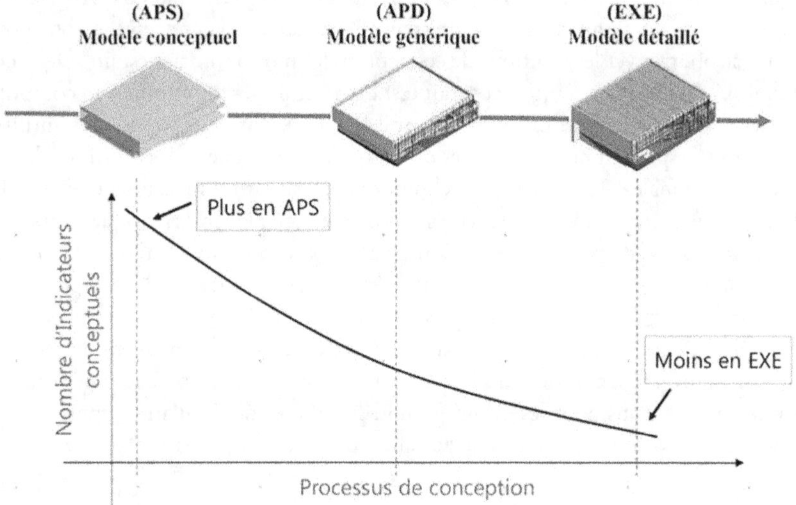

Figure 1. Besoin en indicateurs conceptuels pour l'optimisation énergétique du modèle tout au long du processus de conception.

5. Proposition d'une approche d'optimisation adaptée à l'enseignement

5.1. Limites des approches d'optimisation existantes

Les nouvelles technologies de modélisation ne cessent de s'améliorer, permettant de générer des formes plus recherchées et plus complexes et la prise de décision devient une tâche de plus en plus difficile à accomplir sans avoir recours aux outils de simulation énergétique pour évaluer et comparer les différentes solutions. Plusieurs chercheurs se sont focalisés sur la problématique de l'optimisation de la performance du bâtiment à un stade précoce du processus de conception, en vue de proposer des stratégies et des approches de conception afin d'améliorer le processus. La revue de la littérature permet de distinguer deux principales catégories d'approches :

- les approches d'optimisation basées sur un flux exploitant des outils de modélisation et des outils de simulation (Bragança *et al.* 2014) (Forgues *et al.* 2016) (Shivsharan *et al.* 2017) (Amani *et al.* 2020) ;
- les approches d'optimisation reposant sur une modélisation computationnelle permettant d'optimiser des alternatives de conception (Konis *et al.* 2016), (Agirbas 2020), ou encore de générer des masses paramétriques afin d'explorer des alternatives de conception (Wäppling 2019), (Wang *et al.* 2020).

La conception est traditionnellement menée en utilisant l'intuition, le savoir-faire et le jugement (Wolpert & Macready 1997). Cela met en évidence la nécessité de mesurer et d'évaluer numériquement la capacité de la conception à soutenir l'exploration d'alternatives de conception au moyen de valeurs de performance mesurables comme critères directeurs. La géométrie a un impact énorme sur la réalisation des objectifs liés à la performance (Wood 2007). En raison du nombre de paramètres, de nombreuses alternatives de conception sont possibles. Pour cette raison, trouver les solutions de conception les plus optimales est une tâche compliquée en raison du temps et d'autres contraintes. Les techniques d'optimisation computationnelle se sont avérées pertinentes pour soutenir ce processus. Elles sont plus intuitives et précises et sont de plus en plus employées de nos jours pour générer les solutions de conceptions les plus optimales. Toutefois, ces techniques nécessitent un niveau de maitrise élevé en modélisation computationnelle et des connaissances en langage informatique nécessaires à la création de fragments de codes (ex. pour l'intégration des contraintes du projet, pour la création des formules d'optimisation, etc.). Contrairement à leur efficacité dans l'optimisation de la performance énergétique, ces techniques se montrent moins efficientes et plus difficiles à appliquer en enseignement de l'optimisation de la performance énergétique. Ainsi, pour l'enseignement de l'optimisation de la performance à un stade précoce du processus de conception, nous optons pour les outils de modélisation et de simulation, mais suivant une approche d'optimisation basée sur des étapes instrumentées et précises.

5.2. Approche d'optimisation proposée

L'approche proposée « Figure 2 » accompagne le concepteur tout au long du processus créatif, allant de la préconception jusqu'à la phase d'exécution. Il s'agit d'une activité de modélisation ponctuée par des tâches itératives de simulation et d'optimisation, dont les méthodes et les indicateurs diffèrent selon le niveau détail du modèle créé.

5.2.1. Préconception

Durant la phase de préconception, les indicateurs contextuels sont définis avec l'intervention de différents acteurs, dont le maitre d'ouvrage, l'architecte, l'ingénieur fluides, etc. Une fois définis et l'objectif d'optimisation spécifié, l'architecte passe à l'intégration de ces indicateurs dans son outil de modélisation avant de réaliser la modélisation conceptuelle (APS).

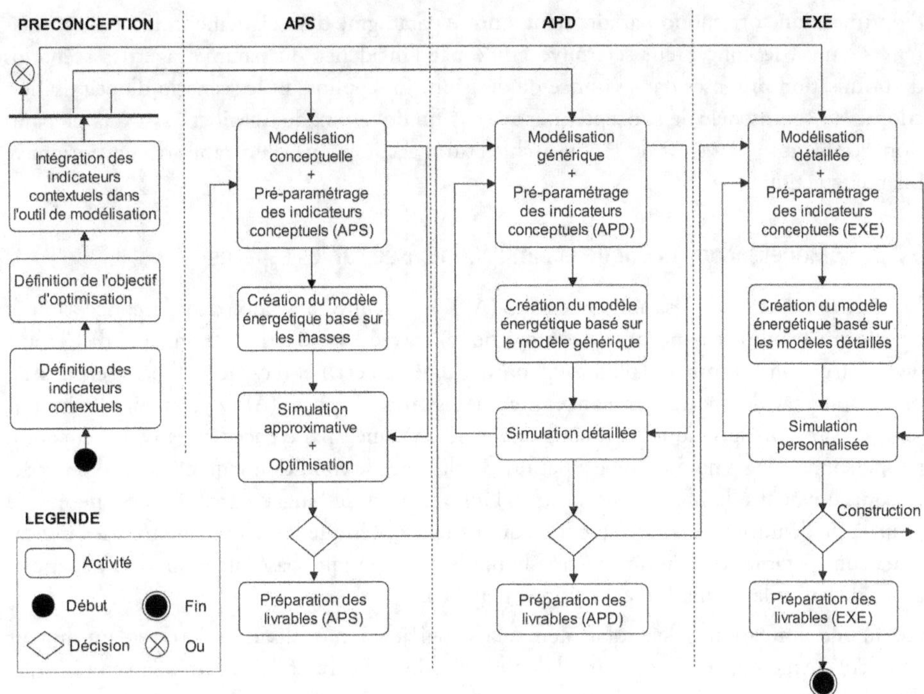

Figure 2. Besoin en indicateurs conceptuels pour l'optimisation énergétique du modèle tout au long du processus de conception.

5.2.2. Modélisation conceptuelle et simulation basée sur les masses

Il s'agit d'une phase de recherche volumétrique basée sur la performance énergétique. Pour simuler la performance de son volume conceptuel, l'architecte commence par le préparamétrage des indicateurs conceptuels nécessaires à la phase APS, à savoir : les indicateurs formels (ex. pourcentage d'ouverture, hauteur moyenne des ouvertures, pourcentage d'ouverture zénithale), les indicateurs fonctionnels globaux (ex. type du projet, planning opérationnel global) et les indicateurs d'équipement globaux (solution globale du système CVC), avant de créer le modèle énergétique basé sur les masses. Une fois le modèle énergétique créé, l'architecte passe à la simulation à travers un moteur de calcul énergétique basé sur Cloud[1]. Cette méthode de simulation permet à l'architecte d'avoir une estimation préliminaire de la consommation énergétique de son volume conceptuel. Elle lui offre également des scénarios d'optimisation paramétrables, lui permettant de passer ainsi à l'optimisation de sa conception en choisissant un ou des scénarios d'optimisation à appliquer. Ces scénarios peuvent concerner l'optimisation de l'orientation du projet. Dans ce cas, le concepteur revient vers l'étape de modélisation pour revoir la forme de son volume conceptuel et simuler de nouveau. Ils peuvent également concerner les indicateurs formels et fonctionnels globaux. Dans ce cas, le concepteur revient à cette étape pour réajuster le paramétrage et simuler la performance de nouveau. Ce processus itératif de modélisation-simulation avec proposition de scénarios

---

1   https://www.autodesk.com/products/insight/overview#what-is-insight

d'optimisation correspond parfaitement à notre paradigme d'enseignement, le « consommateur ». Ainsi, le concepteur se trouve guidé par l'incidence du paramétrage des scénarios d'optimisation proposés dans sa prise de décision. En appliquant le scénario d'optimisation adopté sur son modèle, le concepteur arrive à la fin de ce flux de travail et passe à la préparation des livrables, à savoir, le rendu architectural accompagné d'un rapport comportant le bilan énergétique.

5.2.3. Modélisation générique et simulation basée sur les espaces

Dans la phase de modélisation générique (APD), l'architecte avance dans la conception et transforme le modèle conceptuel (volumétrique) en modèle générique, constitué d'éléments de construction (ex. murs, dalles, toits, portes, fenêtres, etc.) et d'espaces. Il passe ensuite au préparamétrage des indicateurs conceptuels nécessaires à la phase (APD), à savoir ; les indicateurs constructifs spécifiques et les indicateurs fonctionnels par espace (ex. taux d'occupation par personne, plages horaires d'occupation, d'éclairage, de conditionnement, etc.). À ce stade, et contrairement à la phase conceptuelle, l'intervention de l'ingénieur fluides est nécessaire pour la prédéfinition des indicateurs d'équipement générique. Une fois que tous les indicateurs sont paramétrés, l'architecte crée le modèle énergétique basé sur le modèle générique avant de lancer la simulation énergétique détaillée.

Ce flux de simulation se fait totalement sur le logiciel de modélisation, à travers un moteur de calcul énergétique intégré[1] à l'outil de modélisation. Il permet d'avoir un bilan énergétique détaillé et correspond au paradigme « interprète », pouvant détecter les indicateurs conceptuels à optimiser et prédire des scénarios d'optimisation fiables. Après avoir terminé ce flux de travail de modélisation-simulation et avant de passer à la préparation des livrables, une simulation de l'éclairage naturel est nécessaire pour valider les choix d'ouvertures adoptés. Cette simulation peut se faire également en interne dans le logiciel de modélisation.

5.2.4. Modélisation détaillée et simulation basée sur les modèles détaillés

Bien qu'il s'agisse de la même méthode de simulation que la phase APD, le flux de travail de modélisation-simulation durant la phase de modélisation détaillée (EXE) est plus simple. Les modèles architecture et CVC sont modélisés en détail et comportent toutes les informations nécessaires au travail de simulation. Durant cette phase, le préparamétrage concerne uniquement les indicateurs fonctionnels par espace (ex. surface par personne, densité de la charge d'éclairage, etc.). Ainsi, sur la base de la maquette centrale, le concepteur passe à la création du modèle énergétique basé sur les modèles détaillés. À ce stade, la simulation prend en compte les caractéristiques thermiques de chaque élément du modèle et permet d'avoir un bilan énergétique personnalisé. La simulation de l'éclairage naturel est également nécessaire à cette phase pour pouvoir valider les choix adoptés et passer à la préparation du rapport énergétique final.

---

1   Le calcul se fait toujours sur Cloud avec EnergyPlus.

6.   Discussion

Cette étude vise à construire une approche pour l'enseignement de la simulation de la performance énergétique pour les étudiants en architecture. Il est important de noter que l'approche d'optimisation proposée ne permet pas de trouver la solution de conception la plus performante, mais de simuler et d'optimiser des solutions de conception pour en améliorer la performance suivant des étapes instrumentées et précises. Cette approche avance les efforts d'optimisation à un stade précoce du processus de conception et permet, par conséquent, de guider la prise de décision pour la production de bâtiments plus performants.

Un travail futur portera sur l'expérimentation pédagogique de l'approche proposée en vue d'évaluer son adéquation avec les paradigmes d'enseignement adoptés, mais aussi l'apport de son utilisation dans l'activité créative.

Références

Agirbas, A. (2020). Building Energy Performance of Complex Forms-Test simulation of minimal surface-based form optimization. In 38th eCAADe Conference – Volume 1, TU Berlin, Berlin, Germany, 16-18 September 2020, pp. 259-268.

Alsaadani, S., Bleil De Souza, C., (2019). Performer, consumer or expert? A critical review of building performance simulation training paradigms for building design decision-making. J. Build. Perform. Simul., 12, 289–307.

Amani, N., Reza Soroush, A. A. (2020). Effective energy consumption parameters in residential buildings using Building Information Modeling. Global Journal of Environmental Science and Management, 6(4), 467-480.

Beausoleil-Morrison, I. (2019). Learning the fundamentals of building performance simulation through an experiential teaching approach. Journal of Building Performance Simulation, 12(3), 308-325.

Bragança, L., Vieira, S. M., & Andrade, J. B. (2014). Early stage design decisions: the way to achieve sustainable buildings at lower costs. The scientific world journal, 12.

Charles, P. P., Thomas, C. R., (2009). Four approaches to teaching with building performance simulation tools in undergraduate architecture and engineering education. J. Build. Perform. Simul, 2, 95–114.

Fernandez-Antolin, M. M., del-Río, J. M., del Ama Gonzalo, F., & Gonzalez-Lezcano, R. A. (2020). The relationship between the use of building performance simulation tools by recent graduate architects and the deficiencies in architectural education. Energies, 13(5).

Forgues, D., Monfet, D., & Gagnon, S. (2016). Guide de conception d'un bâtiment performant : L'optimisation énergétique avec la modélisation des données du bâtiment (BIM). Ministère de l'Énergie et des Ressources naturelles, gouvernement du Québec.

Gentile, N., Kanters, J., & Davidsson, H. (2020). A method to introduce building performance simulation to beginners. Energies, 13(8), 1941.

Gentile, N., Kanters, J., Davidsson, H., (2019). Teaching Building Performance Simulations to students with a diverse background by using a Control Method. In Conference of International Building Performance Simulation Association, Rome, Italy, 2–4 September 2019; pp. 1579–1586.

Konis, K., Gamas, A., & Kensek, K. (2016). Passive performance and building form: An optimization framework for early-stage design support. Solar Energy, 125, 161-179.

Mahdavi, A., (2020). In the matter of simulation and buildings: Some critical reflections. J. Build. Perform. Simul, 13, 26–33.

Reinhart, C. F., Dogan, T., Ibarra, D., & Samuelson, H. W. (2012). Learning by playing–teaching energy simulation as a game. J. Build. Perform. Simul, 5(6), 359-368.

Shivsharan, A. S., Vaidya, D. R., & Shinde, R. D. (2017). 3D Modeling and energy analysis of a residential building using BIM tools. Int. Res. J. Eng. Tech, 4(7), 629-636.

Togashi, E.; Miyata, M.; Yamamoto, Y., (2020). The first world championship in cybernetic building optimization. J. Build. Perform. Simul, 13, 391–408.

Tomaszewska, D., Lindberg, R., Pasiskevicius, V., Laurell, F., & Sobon, G. (2021). Teaching Building Performance Simulations to students with a diverse background by using a Control Method. In Conference on Lasers and Electro-Optics, IEEE.

Wäppling, L. (2019). Multi-Objective Building Performance Simulation-Integrating Building Performance with Architectural Modelling in Early Stage Design. Thesis Chalmers university of technology, 90.

Wang, L., Chen, K. W., Janssen, P., & Ji, G. (2020). Algorithmic generation of architectural Massing Models for building design optimisation-Parametric Modelling Using Subtractive and Additive Form Generation Principles.

Wolpert, D.H.; Macready, W.G. No free lunch theorems for optimization. IEEE Trans. Evol. Comput. 1997, 1, 67–82.

Wood, A. Sustainability: A new high-rise vernacular? Struct. Des. Tall Spec. Build. 2007,16, 401–4.

Zweifel, G., (2017). Teaching Building Simulation to HVAC Engineering Bachelor Students. In Proceedings of the 15th IBPSA Conference, San Francisco, CA, USA (pp. 7-9).

Remerciements du coordinateur

Ce fut un grand plaisir que d'être invité à présider le comité scientifique et à participer à cette aventure des journées EduBIM et je voudrais en premier lieu remercier toutes les personnes impliquées dans cette invitation. Mais la responsabilité de coordonner la 8e édition et ce présent ouvrage est avant tout une responsabilité d'animation et de création d'un ensemble de relations. Ainsi, nous avons porté une démarche orientée vers l'environnement à travers un appel à la communauté qui a été largement entendu. Alors que les journées EduBIM s'adressent à l'ensemble de la communauté de recherche sur le BIM, on pouvait s'inquiéter de lancer un appel à contribution qui, de fait, ne s'adressait qu'à la partie spécifique de la communauté qui travaille sur les aspects climatiques et environnementaux. Mais les propositions furent nombreuses et, finalement, ces 10 chapitres constituent l'ouvrage le plus conséquent de la « collection » EduBIM. Je souhaite remercier les auteur·e·s pour ces chapitres, pour la qualité des échanges, et le travail de modifications qui fait suite aux relectures. Un grand merci aux relectrices et relecteurs pour le travail d'évaluation parfois anonyme et parfois d'accompagnement des auteur·e·s dans la phase de modification. Mes remerciements vont aussi aux conférenciers invités Aurélie de Boissieu et Henry Abanda qui nous font le plaisir de préparer les conférences inaugurales, au comité scientifique pour les échanges lors des réunions du comité et pour la participation à la relecture, à l'orientation, à l'animation et à la structuration de la journée recherche.

Le contenu de l'ouvrage révèle la volonté de ne pas séparer les mondes de la recherche académique, les mondes de la R&D et de la pratique opérationnelle. C'était un enjeu assumé que de présenter et de faire dialoguer des auteur·e·s issus de ces mondes qui peinent encore trop souvent à collaborer. Cela se traduit par des chapitres aux ambitions variées, parfois techniques, parfois opérationnelles, innovantes, académiques… Plus inattendu est le fait que de nombreux chapitres s'ancrent dans des échelles urbaines. Le BIM sortirait-il enfin de l'échelle bâtiment dans laquelle il a trop longtemps été enfermé à tort ? À travers des contributions CIM et des convergences BIM-SIG, cet ouvrage ouvre le regard sur les données, la modélisation, la maquette, les processus sans limites d'échelle et c'est une satisfaction.

L'organisation de ces journées et l'édition de l'ouvrage n'auraient pas été possibles sans le soutien financier des partenaires que sont le projet MINND, Opco ATLAS, concepteurs d'Avenirs, Syntec-Ingénierie. Ces partenaires et les services administratifs de l'université Gustave Eiffel ont rendu possible ce travail. Merci à Thibaud Desreumaux, qui pilote toute cette partie administrative pour l'université, et à Virginie Jan, qui assure la gestion pour le Lab'Urba. Merci également à François Robida, président du projet national MINnD et Pierre Benning, codirecteur du projet national MINnD pour le cofinancement de cette 8ᵉ édition, pour les échanges scientifiques et pour l'accompagnement.

Merci aux Éditions Eyrolles. J'ai rencontré Marc Jammet, qui a mené un extraordinaire travail pour son dernier ouvrage avant son départ en retraite. On te souhaite une bonne retraite (active), Marc ! Tout a été parfaitement organisé malgré les retards dans la livraison des textes. Merci à Antoine Derouin, qui a pris la suite de Marc, merci à Celia Garces, pour la relecture minutieuse de l'ouvrage.

Enfin, dans cette petite équipe du comité d'organisation, composée de Marie Bagieu, Nader Boutros, Olivier Celnik (responsable de la journée enseignement), Sylvain Riss et moi-même, les échanges furent toujours bienveillants et constructifs. C'est un grand plaisir qui est une belle aventure que d'organiser cela ensemble. À bientôt pour la suite !

Comité scientifique

Président Comité scientifique :

Bruno BARROCA (Université Gustave Eiffel)

Organisation EDU-BIM 2022 :

Marie BAGIEU (ESITC-Caen)

Bruno BARROCA (Université Gustave Eiffel)

Nader BOUTROS (PASS Technologie)

Olivier CELNIK (ENPC)/Responsable journée enseignement

Sylvain RISS (BG Ingénieurs Conseils SAS)

Membres du Comité scientifique :

Ana ROXIN

Aurélie TALON

Benoit EYNARD

Bruno BARROCA

Bruno LOPES

Charles-Edouard TOLMER

Denis MORAND

Dominique DENEUX

Eduard ANTALUCA

Emmanuel NATCHITZ

Fanny JOSSE

Florence JACQUINOD

Gaëlle BAUDOIN

Gregorio SAURA

Henry ABANDA

Katia LAFFRECHINE

Laurent JOBLOT

Luca MARICCHIOLO

Maria Fabrizia CLEMENTE

Marie BAGIEU

Matthieu BRICOGNE

Mattia LEONE

Michaël GONZVA

Michel AROICHANE

Michele POSITANO

Mohamed CHACHOUA

Nader BOUTROS

Pierre BENNING

Samia BEN RAJEB

Sandra MARQUES

Sylvain RISS

Sylvain WIETZNIAK

Vincent CHAPURLAT

Vincent LEFORT

William DERIGENT

Xavier JOURDAIN

Yaarob AUDI

Keynote speaker – Dr Aurelie de Boissieu

Dr Aurélie de Boissieu est enseignante-chercheuse à l'Université de Liège, en Belgique, où elle travaille sur les sujets du BIM et du design computationnel. Diplômée comme architecte à l'ENSA Lyon, Aurélie de Boissieu soutient sa thèse en 2013 sur la modélisation paramétrique en conception architecturale. Cette thèse recevra le prix de la recherche par l'Académie d'architecture française, l'année d'après. Aurélie de Boissieu alliera ensuite pendant plus de dix ans une activité de recherche, notamment au sein de l'équipe MAACC du laboratoire UMR CNRS 3495 du MAP, et une activité de pratique dans des agences d'architecture prestigieuses, notamment à Londres, chez Heatherwick Studio et Grimshaw. Depuis 2020, Aurélie de Boissieu est professeure à l'Université de Liège. Aujourd'hui, ses recherches continuent à porter sur les enjeux du numérique en conception architecturale, avec une attention toute particulière sur les pratiques orientées sur la donnée et la pensée computationnelle.

Keynote speaker – Dr F. Henry Abanda

Le D^r. F. Henry Abanda est professeur agrégé de « School of the Built Environment » de l'Université d'Oxford Brookes et mène des recherches pour « Oxford Institute for Sustainable Development », dans la même université. Il est ingénieur agréé auprès de l'Institution de l'ingénierie et des technologies du Royaume-Uni. Henry est titulaire d'une HDR (habilitation à diriger des recherches) en technologies numériques pour la construction (Institut national polytechnique de Toulouse, France) et d'un doctorat en modélisation numérique des ouvrages de génie civil (Université d'Oxford Brookes, Royaume-Uni). Son domaine d'enseignement et de recherche s'inscrit dans le cadre de la modélisation numérique des ouvrages de génie civil, avec un accent sur la modélisation des informations du bâtiment (BIM) et les technologies numériques émergentes appliquées à la pratique de la construction. Au cours des trois dernières années, ses recherches ont particulièrement porté sur les applications des technologies numériques émergentes de construction en vue d'améliorer la prise de décision concernant la performance environnementale des projets existants et nouveaux au niveau des villes.

Le Dr F. Henry Abanda a acquis une grande expérience dans l'industrie de la construction en travaillant avec certains fournisseurs principaux de logiciels de modélisation numérique et en participant à des conférences internationales et à des ateliers de haut niveau. Il est le correspondant Autodesk de son institution et est engagé dans l'organisation des compétitions nationales de BIM au Royaume-Uni depuis 2019. Henry est très actif dans la communauté universitaire, à l'échelle nationale et internationale ; il a ainsi animé des ateliers qui ont été suivis aussi bien par les étudiants et universitaires que par les professionnels de l'industrie de la construction. Au niveau national, dans le cadre du projet « FutureFit Built Assets » (projet financé par l'Union européenne) entre 2014 et 2016, il a animé plusieurs ateliers de renforcement des capacités sur l'utilisation du BIM pour le management des projets de construction, auxquels ont participé plus de 180 chefs de projets de construction et ingénieurs séniors spécialistes en métré en Angleterre. Au niveau international, il a animé des séminaires scientifiques et des ateliers au Kenya, en Inde, en France, en Espagne, mais également en Équateur, en 2016, sur l'utilisation du BIM pour le management des projets de modernisation des établissements informels lors de la conférence ONU-Habitat III et en Iran en 2021, lors de la 4e Conférence internationale sur le BIM.